建筑业农民工业余学校培训教材

防 水 工

建设部人事教育司组织编写

中国建筑工业出版社

图书在版编目(CIP)数据

防水工/建设部人事教育司组织编写. —北京：中国
建筑工业出版社，2007
（建筑业农民工业余学校培训教材）
ISBN 978-7-112-09650-3

Ⅰ.防… Ⅱ.建… Ⅲ.建筑防水-工程施工-技术
培训-教材 Ⅳ.TU761.1

中国版本图书馆 CIP 数据核字（2007）第 159540 号

建筑业农民工业余学校培训教材

防　水　工

建设部人事教育司组织编写

*

中国建筑工业出版社出版、发行（北京西郊百万庄）

各地新华书店、建筑书店经销

北　京　天　成　排　版　公　司　制　版

北京建筑工业印刷厂印刷

*

开本：787×1092 毫米　1/32　印张：3⅞　字数：87 千字
2007 年 11 月第一版　　2015 年 9 月第三次印刷

定价：**10.00** 元

ISBN 978-7-112-09650-3
（26495）

本书是依据国家相关标准规范并紧密结合建筑业农民工相关工种培训的实际需要编写的，主要内容包括：常用建筑防水材料和施工机具，防水工安全防护知识，屋面防水工程施工，地下工程防水施工，厕浴间防水工程施工，建筑外墙防水施工等六部分知识。

本书既可作为建筑业农民工业余学校的培训教材，也可作为相关人员参考用书。

＊　　　＊　　　＊

责任编辑：朱首明
责任设计：董建平
责任校对：刘　钰　安　东

建筑业农民工业余学校培训教材
审定委员会

主　任：黄　卫
副主任：张其光　刘　杰　沈元勤
委　员：（按姓氏笔画排序）
　　　　占世良　冯可梁　刘晓初　纪　迅
　　　　李新建　宋瑞乾　袁湘江　谭新亚
　　　　樊剑平

建筑业农民工业余学校培训教材
编写委员会

主　编：孟学军

副主编：龚一龙　朱首明

编　委：（按姓氏笔画排序）

马岩辉	王立增	王海兵	牛　松
方启文	艾伟杰	白文山	冯志军
伍　件	庄荣生	刘广文	刘凤群
刘善斌	刘黔云	齐玉婷	阮祥利
孙旭升	李　伟	李　明	李　波
李小燕	李唯谊	李福慎	杨　勤
杨景学	杨漫欣	吴　燕	吴晓军
余子华	张莉英	张宏英	张晓艳
张隆兴	陈葶葶	林火桥	尚力辉
金英哲	周　勇	赵芸平	郝建颐
柳　力	柳　锋	原晓斌	黄　威
黄水梁	黄永梅	黄晨光	崔　勇
隋永舰	路　明	路晓村	阚咏梅

序　言

农民工是我国产业工人的重要组成部分，对我国现代化建设作出了重大贡献。党中央、国务院十分重视农民工工作，要求切实维护进城务工农民的合法权益。为构建一个服务农民工朋友的平台，建设部、中央文明办、教育部、全国总工会、共青团中央印发了《关于在建筑工地创建农民工业余学校的通知》，要求在建筑工地创办农民工业余学校。为配合这项工作的开展，建设部委托中国建筑工程总公司、中国建筑工业出版社编制出版了这套《建筑业农民工业余学校培训教材》。教材共有 12 册，每册均配有一张光盘，包括《建筑业农民工务工常识》、《砌筑工》、《钢筋工》、《抹灰工》、《架子工》、《木工》、《防水工》、《油漆工》、《焊工》、《混凝土工》、《建筑电工》、《中小型建筑机械操作工》。

这套教材是专为建筑业农民工朋友"量身定制"的。培训内容以建设部颁发的《职业技能标准》、《职业技能岗位鉴定规范》为基本依据，以满足中级工培训要求为主，兼顾少量初级工、高级工培训要求。教材充分吸收现代新材料、新技术、新工艺的应用知识，内容直观、新颖、实用，重点涵盖了岗位知识、质量安全、文明生产、权益保护等方面的基本知识和技能。

希望广大建筑业农民工朋友，积极参加农民工业余学校的培训活动，增强安全生产意识，掌握安全生产技术；认真学习，刻苦训练，努力提高技能水平；学习法律法规，知法、懂法、守法，依法维护自身权益。农民工中的党员、团员同志，要在学习的同时，积极参加基层党、团组织活动，发挥党员和团员的模范带头作用。

愿这套教材成为农民工朋友工作和生活的"良师益友"。

建设部副部长：黄卫

2007年11月5日

前　　言

　　本书为建筑业农民工业余学校培训教材之一。在编撰过程中，紧密结合当前建筑防水施工岗位的实际需要，突出科学性、实用性和针对性，既可作为建筑业农民工业余学校的培训教材也适合于防水工自学提高。

　　本书依据建设部颁布的《屋面工程质量验收规范》GB 50207—2002、《地下工程防水技术规范》GB 50108—2001及其他有关国家现行的规范、标准和规程进行编写。主要内容有常用建筑防水材料和施工机具，防水工安全防护知识，屋面防水工程施工，地下工程防水施工，厕浴间防水工程施工，建筑外墙防水施工等。本书内容简明实用、通俗易懂，并且图文并茂，注重对操作的指导。

　　本书编写时参考了已出版的多种相关培训教材，对这些教材的编作者，一并表示谢意。

　　本教材由李小燕、刘善斌编写；王海兵、黄水梁主审，并为本书稿提出了宝贵的修改意见，特此致谢。

　　在本书的编写过程中，虽经推敲核证，但编者的水平和编写时间有限，仍难免有不妥甚至疏漏之处，恳请各位同行提出宝贵意见，在此表示感谢。

目　　录

一、常用建筑防水材料和施工机具

建筑防水按照工程做法可分为构造防水和材料（防水层）防水；按照不同的部位可分为：屋面防水、地下防水、厕浴间等室内防水和墙面防水。不同部位也需用相应的防水材料，如屋面宜用耐候性、温度适应性及抗裂性能好的卷材；地下防水工程应采用自防水混凝土为主并与柔性防水卷材、涂料相结合的做法；厕浴间防水应选用适应形状复杂多变的防水涂料。

我国的建筑防水材料已从单一的石油沥青纸胎油毡过渡到门类包括纸胎油毡、改性沥青卷材、高分子防水卷材、建筑防水涂料、建筑密封材料、刚性防水和堵漏材料，档次包括高、中、低档，品种和功能比较齐全的防水材料体系。《国家化学建材产业"十五"计划和2010年发展规划纲要》提出：新型防水材料重点发展改性沥青油毡，积极发展高分子防水卷材，适当发展防水涂料，努力开发密封材料和止水堵漏材料。在改性沥青油毡中，重点发展SBS改性沥青油毡，积极创造条件推动APP改性沥青油毡的发展。在高分子防水卷材中，重点推广三元乙丙橡胶和聚氯乙烯等新型高分子防水卷材。在防水涂料中，重点发展聚氨酯和橡胶改性沥青防水涂料，积极开发和推广高品质和高固含量橡胶改性沥青防水涂料。建筑密封材料以发展硅酮和聚氨酯密封膏为主。

建筑防水材料可分成六大类：防水卷材、防水涂料、防水密封材料、刚性防水材料、堵漏止水材料、瓦类防水材料。

本书着重介绍几种常用防水材料。

（一）高聚物改性沥青防水卷材

高聚物改性沥青防水卷材主要品种有：SBS改性沥青防水卷材和APP改性沥青防水卷材两种。

高聚物改性沥青防水卷材的物理性能、质量、规格。

屋面工程对高聚物改性沥青防水卷材的物理性能、质量、规格等要求见表1-1、表1-2、表1-3。

高聚物改性沥青防水卷材的物理性能　　　　表1-1

项　　　目		性　能　要　求		
		聚酯毡胎体	玻纤毡胎体	聚乙烯膜胎体
拉伸性能	拉力	≥450N	≥250N	≥100N
	延伸率	最大拉力时，≥30%	—	断裂时，≥200%
耐热度	SBS卷材	≥90℃，2h无滑动、流淌、滴落		
	APP卷材	≥110℃，2h无滑动、流淌、滴落		
柔性（绕规定直径圆棒）	SBS卷材	不高于−18℃无裂纹		
	APP卷材	不高于−5℃无裂纹		
不透水性	压力	≥0.2MPa		
	保持时间	≥30min		
人工气候加速老化	外观	无滑动、流淌、滴落		
	拉力保持率纵向	80%		
	柔性	SBS卷材−10℃无裂纹，APP卷材3℃无裂纹		

高聚物改性沥青防水卷材外观质量　　　　表 1-2

项　目	质　量　要　求
孔洞、缺边、裂口	不允许
边缘不整齐	不超过 10mm
胎体露白、未浸透	不允许
撒布材料粒度、颜色	均匀
每卷卷材的接头	不超过 1 处，较短的一段不应小于 1000mm，接头处应加长 150mm

高聚物改性沥青防水卷材规格　　　　表 1-3

厚度（mm）	宽度（mm）	长度（m）
2.0	≥1000	15.0～20.0
3.0	≥1000	10.0
4.0	≥1000	7.5
5.0	≥1000	5.0

1. SBS 改性沥青防水卷材

SBS 改性沥青防水卷材具有冷不变脆、低温性好、塑性好、稳定性高、使用寿命长等优良性能，可大大改善石油沥青的低温屈挠性和高温抗流动性能，彻底改变石油沥青冷脆裂的弱点，并保持了沥青的优良憎水性和粘结性，而且施工方便，可以选用冷粘接、热粘接、自粘接，可以叠层施工。厚度大于 4mm 的可以单层施工，厚度大于 3mm 的可以热熔施工。故广泛应用于工业建筑和民用建筑，例如，保温建筑的屋面和不保温建筑屋面、屋顶花园、地下室、卫生间、桥梁、公路、涵洞、停车场、游泳池、蓄水池等建筑工程防水，尤其适用于较低气温环境和结构变形复杂的建筑防水工程。

2. APP 改性沥青防水卷材

APP 改性沥青防水卷材具有多功能性，适用于新、旧建筑工程；腐殖质土下防水层；碎石下防水层；地下墙防水等。广泛用于工业与民用建筑的屋面和地下防水工程，以及道路、桥梁建筑的防水工程，尤其适用于较高气温环境和高湿地区建筑工程防水。

3. 沥青复合胎柔性防水卷材

沥青复合胎柔性防水卷材是指以橡胶、树脂等高聚物为改性剂制成的改性沥青为基料，以两种材料复合毡为胎体，细砂、矿物粒(片)料、聚酯膜、聚乙烯膜等为覆面材料，以浸涂、滚压工艺而制成的防水卷材。其复合胎体材料有聚酯毡—网格布、玻纤毡—网格布、无纺布—网格布、玻纤毡—聚乙烯膜四种。

这类卷材与沥青油毡比，低温柔性有了较大改善，胎体强度也有提高。虽也属于改性沥青卷材，但综合性能和弹性体、塑性体改性沥青卷材相比差距较大。

（二）合成高分子防水卷材

目前，合成高分子防水卷材主要分为合成橡胶类(硫化橡胶和非硫化橡胶)、合成树脂类、纤维增强类三大类。合成橡胶类当前最具代表性的产品有三元乙丙橡胶防水卷材，还有以丁基橡胶和再生橡胶等为原料生产的卷材，但与三元乙丙橡胶防水卷材的性能相比，不在同一档次水平。合成树脂类的主要品种是聚氯乙烯防水卷材，其他合成树脂类防水卷材，如氯化聚乙烯防水卷材、高密度聚乙烯防水卷材等，也存在与聚氯乙烯防水卷材档次不同的问题。此外，我国还研制出多种橡胶共混防水卷材，其中氯化聚乙烯—橡胶共混防水卷材具有代表性，其性能指标接近三元乙丙橡胶防水卷材。合成高分子防水卷材的分类及常见产品见表1-4。

合成高分子防水卷材的分类及常见产品　　　　表1-4

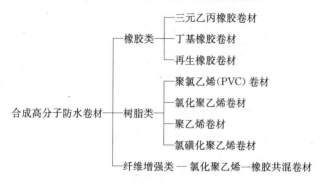

合成高分子防水卷材质量指标

屋面防水工程对合成高分子防水卷材的物理性能、外观质量和规格应符合表1-5、表1-6和表1-7要求。

合成高分子防水卷材的物理性能　　　　表1-5

项　　目		性　能　要　求			
		硫化橡胶类	非硫化橡胶类	树脂类	纤维增强类
拉伸强度(MPa)		≥6	≥3	≥10	≥9
断裂伸长率(%)		≥400	≥200	≥200	≥10
低温弯折性(℃)		−30	−20	−20	−20
不透水性	压力(MPa)	≥0.3	≥0.2	≥0.3	≥0.3
	保持时间(min)	≥30			
加热伸缩率(%)		<1.2	<2.0	<2.0	<1.0
热老化保持率(80℃，168h)	断裂拉伸强度(%)	≥80			
	扯断伸长率(%)	≥70			

5

合成高分子防水卷材的外观质量 表1-6

项目	质 量 要 求
折痕	每卷不超过2处，总长度不超过20mm
杂质	大于0.5mm颗粒不允许，每1m² 不超过9mm²
胶块	每卷不超过6处，每处面积不大于4mm²
凹痕	每卷不超过6处，深度不超过本身厚度的30%；树脂类深度不超过15%
每卷卷材的接头	橡胶类每20m不超过1处，较短的一段不应小于3000mm，接头处应加长150mm；树脂类20m长度内不允许有接头

合成高分子防水卷材规格 表1-7

厚度（mm）	宽度（mm）	每卷长度（m）
1.0	≥1000	20.0
1.2	≥1000	20.0
1.5	≥1000	20.0
2.0	≥1000	10.0

1. 三元乙丙橡胶防水卷材

（1）特点及应用

三元乙丙橡胶防水卷材的特点是：具有一定的耐化学性，对于多种极性化学药品和酸、碱、盐有良好的抗耐性；具有优异的耐低温和耐高温性能，在低温下，仍然具有良好的弹性、伸缩性和柔韧性，可在严寒和酷热的环境中使用；具有优异的耐绝缘性能；拉伸强度高，伸长率大，对伸缩或开裂变形的基层适应性强，能适应防水基层伸缩或开裂、变形的需要，而且施工方便，不污染环境，不受施工环境条件限制。

三元乙丙橡胶防水卷材广泛适用于各种工业建筑和民用建筑屋面的单层外露防水层，是重要等级防水工程的首选材料。尤其适用于受振动、易变形建筑工程防水，如体育馆、火车站、港口、机场等。另外，还可用于蓄水池、污水处理池、电站、水库、水渠等防水工程以及各种地下工程的防水，如地下贮藏室、地下铁路、桥梁、隧道等。

（2）规格、型号、物理性能

三元乙丙橡胶防水卷材分硫化型和非硫化型两种，在GB 18173—2000(高分子材料、片材)中的代号分别为 JL1 和 JF1。三元乙丙卷材的厚度规格有 1.0mm、1.2mm、1.5mm、1.8mm、2.0mm 五种。宽度有 1.0m、1.1m 和 1.2m 三种，每卷长度为 20m 以上。其物理性能详见表 1-8。

三元乙丙橡胶卷材的物理性能　　　表 1-8

项　　　目		指　标　值	
		JL1	JF1
断裂拉伸强度（MPa）	常温≥	7.5	4.0
	60℃≥	2.3	0.8
扯断伸长率（%）	常温≥	450	450
	−20℃≥	200	200
撕裂强度（kN/m）≥		25	18
不透水性，30min 无渗漏		0.3MPa	0.3MPa
低温弯折（℃）≤		−40	−30
加热伸缩量（mm）	延伸<	2	2
	收缩<	4	4
热空气老化（80℃×168h）	断裂拉伸强度保持率（%）≥	80	90
	扯断伸长率保持率（%）≥	70	70
	100%伸长率外观	无裂纹	无裂纹

项　　目		指　标　值	
		JL1	JF1
耐碱性［10％Ca(OH)₂	断裂拉伸强度保持率（％）≥	80	80
常温×168h］	扯断伸长率保持率（％）≥	80	90
臭氧老化(40℃×168h)	伸长率40％，500ppm	无裂纹	无裂纹

2. 聚氯乙烯(PVC)防水卷材

（1）性能特点及应用

聚氯乙烯防水卷材的特点是：拉伸强度高、伸长率好，热尺寸变化率低；抗撕裂强度高，能提高防水层的抗裂性能；耐渗透，耐化学腐蚀，耐老化；可焊接性好，即使经数年风化，也可焊接，在卷材正常使用范围内，焊缝牢固可靠；低温柔性好；有良好的水汽扩散性，冷凝物易排释，留在基层的湿气易排出；施工操作简便、安全、清洁、快速，而且原料丰富，防水卷材价格合理，易于选用。

聚氯乙烯防水卷材适用于各种工业、民用建筑新建或翻修建筑物、构筑物外露或有保护层的工程防水，以及地下室、隧道、水库、水池、堤坝等土木建筑工程防水。

（2）规格型号、物理性能

PVC防水卷材分均质型和复合型两个品种，前者为单一的PVC片材，后者指有纤维毡或纤维织物增强的片材。

PVC卷材宽度有1.0m、1.2m、1.5m、2.0m四种；厚度有0.5mm、1.0mm、1.2mm、1.5mm、1.8mm、2.0mm六种；长度为20m以上。

均质型PVC卷材应符合《聚氯乙烯防水卷材》GB 12952—2003标准P型指标，复合型PVC卷材应符合《高分子防水材料、片材》GB 18173.1—2002 标准要求。

均质型 PVC 卷材物理性能详见表 1-9，复合型 PVC 卷材物理性能见表 1-10。

均质型 PVC 卷材物理性能

表 1-9

序号	项 目 名 称		国标指标 P 型（一等品）		
1	拉伸强度（MPa）≥		10.0		
2	断裂伸长率%≥		200		
3	热处理尺寸变化率%≥		2.0		
4	低温弯折性		−20℃无裂纹		
5	不透水性，0.3MPa，30min		不透水		
6	抗穿孔性		不渗水		
7	剪切状态下的粘合性		$\delta_{sa} \geq 2.0$N/mm 或在接缝外断裂		
8	热老化处理 90±2℃，168h	外观质量	无气泡、粘结、孔洞		
		拉伸强度相对变化率（%）	±20		
		断裂伸长率相对变化率（%）			
		低温弯折性	−20℃无裂纹		
9	人工气候老化处理	拉伸强度相对变化率（%）	±20		
		断裂伸长率相对变化率（%）			
		低温弯折性	−20℃无裂纹		
10	酸碱水溶液处理		H_2SO_4	$Ca(OH)_2$	NaOH
		拉伸强度相对变化率（%）	±20	±20	±20
		断裂伸长率相对变化率（%）			
		低温弯折性	−20℃无裂纹		

3. 氯化聚乙烯防水卷材

氯化聚乙烯防水卷材具有良好的防水、耐油、耐腐蚀及

复合型 PVC 卷材物理性能 表 1-10

项　　目		指标
		FS1
断裂拉伸 强度(N/cm)	常温≥	100
	60℃≥	40
胶断伸长率(%)	常温≥	150
	－20℃≥	10
撕裂强度(N)≥		20
不透水性,30min,不渗漏		0.3MPa
低温弯折(℃)≤		－30
加热伸缩量(mm)	延伸<	2
	收缩<	2
热空气老化 80℃,168h	断裂拉伸强度保持率(%)≥	80
	胶断伸长率保持率(%)≥	70
耐碱性 [10%Ca(OH)₂ 常温×168h]	断裂拉伸强度保持率(%)≥	80
	胶断伸长率保持率(%)≥	80
臭氧老化(40℃×168h),200pphm		无裂纹
人工气候老化	断裂拉伸强度保持率(%)≥	80
	胶断伸长率保持率(%)≥	70

阻燃性能,有多种色彩,有较好的耐候性,冷粘接作业,施工方便,在国内属中档防水卷材。

4. 氯化聚乙烯—橡胶共混防水卷材

氯化聚乙烯—橡胶共混防水卷材具有氯化聚乙烯的高强度和优异的耐臭氧性、耐老化性能,而且具有橡胶类材料所特有的高弹性和优异的耐低温性、高延伸性。故被称为一种高分子"合金"。该卷材可采用冷施工,工艺简单,操作方便，劳动效率高。

氯化聚乙烯—橡胶共混防水卷材广泛适用于屋面外露用工程防水、非外露用工程防水、地下室外防外贴法或外防内贴法施工的防水工程，以及地下室、桥梁、隧道、地铁、污水池、游泳池、堤坝和其他土木建筑工程防水。

（三）建筑防水涂料

防水涂料是一种流态或半流态物资，涂刷在基层表面，经溶剂或水分挥发，或各组分间的化学反应，形成一定弹性的薄膜，使表面与水隔绝，起到防水、防潮作用。

防水涂料和防水卷材相比其优点是：适合于形状复杂、节点繁多的作业面；整体性好，可形成无接缝的连续防水层；可冷施工，操作方便；易于对渗漏点作出判断与维修。

防水涂料的缺点是：膜层厚度不一致，涂膜成型受环境温度制约，溶剂型涂料施工气温宜为 $-5℃\sim35℃$，水乳型涂料施工气温宜为 $5\sim35℃$；膜层的力学性能受成型环境的温度和湿度影响。

建筑防水涂料的种类与品种较多，其分类和常用的品种见表 1-11。

1. 沥青基防水涂料

沥青基防水涂料是以石油沥青为基料，掺加无机填料和助剂而制成的低档防水涂料。按其类型可分为溶剂型和水乳型，按其使用目的可制成薄质型和厚质型。该类防水涂料生产方法简单，产品价格低廉。

（1）溶剂型沥青防水涂料

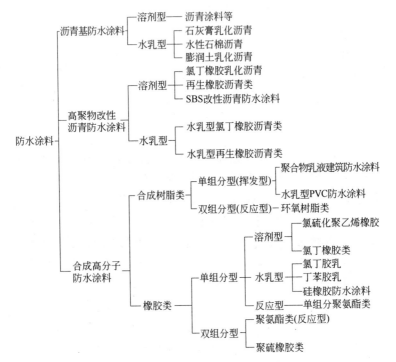

溶剂型沥青防水涂料是将未改性石油沥青用有机溶剂（溶剂油）充分溶解而成，因其性能指标较低，在生产中控制一定的含固量，通常为薄质型，一般主要作为 SBS、APP 改性沥青防水卷材的基层处理剂，混凝土基面防潮、防渗或低等级建筑防水工程。

（2）水乳型沥青防水涂料

水乳型沥青防水涂料是将未改性的石油沥青为基料，以水为分散介质，加入无机填料、分散剂等有关助剂，在机械强力搅拌作用下，制成的水乳型沥青乳液防水涂料。该类厚质防水涂料有水性石灰乳化沥青防水涂料、水性石棉沥青防水涂料、膨润土沥青乳液防水涂料。此类防水涂料成本低、无毒、无味，可在潮湿基层上施工，有良好的粘结性，涂层有一定透气性。但成膜物是未改性的石油沥青、矿物乳化剂和填料，固化后弹性和强度较低。使用时需相当厚度才能起到防水作用。

2. 高聚物改性沥青防水涂料

高聚物改性沥青防水涂料通常是用再生橡胶、合成橡胶、SBS 或树脂对沥青进行改性而制成的溶剂型或水乳型涂膜防水材料。通过对沥青改性的防水涂料，具有高温不流淌、低温不脆裂、耐老化、增加延伸率和粘结力等性能，能够显著提高防水涂料的物理性能，扩大应用范围。

高聚物改性沥青防水涂料包括氯丁橡胶沥青防水涂料（水乳型和溶剂型两类）、再生橡胶沥青防水涂料（水乳型和溶剂型两类）、SBS 改性沥青防水涂料等种类。

（1）溶剂型氯丁橡胶改性沥青防水涂料

该种涂料耐候性、耐腐蚀性强，延伸性好，适应基层变形能力强；形成涂膜的速度快且致密完整，可在低温下冷施工，简单方便。适用于混凝土屋面防水，地下室、卫生间等防水防潮工程，也可用于旧建筑防水维修及管道防腐。

（2）水乳型氯丁橡胶改性沥青防水涂料

该种涂料耐酸、碱性能好，有良好的抗渗透性、气密性和抗裂性；成膜快、强度高，防水涂膜耐候性、耐高温和低温性好；无毒、无味、不污染环境；施工安全，操作方便，可冷施工，可采用刮涂、滚刷或喷涂等方法。

该种涂料适用于屋面、厕浴间、天沟、防水层和屋面隔汽层；地下室防水、防潮隔离层；斜沟、天沟、建筑物间连接缝等非平面防水层等。

（3）水乳型再生橡胶沥青防水涂料

该种涂料具有良好的相容性；克服了沥青热淌冷脆的缺陷；具有一定的柔韧性、耐高低温、耐老化性能；可冷施工，无毒无污染，操作方便，可在潮湿基层上施工；原料来源广泛、价格低。但气温低于5℃时不宜施工。

（4）溶剂型再生橡胶沥青防水涂料

该种涂料具有较好的耐水性、抗裂性，高温不流淌，低温不脆裂，弹塑性能良好，有一定的耐老化性，干燥速度快，操作方便，可在负温下施工。适用于工业与民用建筑混凝土屋面防水层、地下室、水池、冷库、地坪等的抗渗、防潮以及旧油毡屋面的维修和翻修。该涂料比较适合表面变形较大的节点及接缝处，同时应配用嵌缝材料，才能收到更好的效果。

（5）SBS改性沥青防水涂料

该种涂料有水乳型和溶剂型两种。水乳型是以石油沥青为基料，用SBS橡胶对沥青进行改性，再以膨润土等作为分散剂，在机械强烈搅拌下制成的膏状涂料；溶剂型是以石油沥青为基料，掺入SBS橡胶和溶剂在机械搅拌下混合成的防水涂料。

SBS改性沥青防水涂料的防水性能、低温柔韧性、抗裂性、粘结性良好；可冷施工，操作简便，无毒，安全，是一种较理想的中档防水涂料。适用于屋面、地面、卫生间、地下室等复杂基层的防水工程，特别适用于寒冷地区的工程。

3. 合成高分子防水涂料

合成高分子防水涂料是以合成橡胶或合成树脂为主要成膜物质，加入其他辅料配制而成的单组分或多组分防水涂料。

合成高分子防水涂料包括聚氨酯防水涂料、丙烯酸酯防水涂料、硅橡胶防水涂料、聚合物水泥防水涂料等品种。

（1）聚氨酯防水涂料

聚氨酯防水涂料有双组分反应固化形和单组分湿固化形。双组分聚氨酯防水涂料中，甲组分为聚氨酯预聚体，乙组分为含有催化剂、交联剂、固化剂、填料、助剂等的固化组分。现场将甲、乙组分按规定配比混合均匀，涂覆后经固化反应形成高弹性膜层。煤焦油基的双组分和单组分产品都已被淘汰。

聚氨酯防水涂料的特点：具有橡胶状弹性，延伸性好，抗拉强度和抗撕裂强度高；具有良好的耐酸、耐碱、耐腐蚀性；施工操作简便，对于大面积施工部位或复杂结构，可实现整体防水涂层。

聚氨酯防水涂料适用于屋面、地下室、厕浴间、游泳池、铁路、桥梁、公路、隧道、涵洞等防水工程。

聚氨酯防水涂料的主要物理性能指标见表 1-12。

聚氨酯防水涂料物理性能　　　　表 1-12

项　　目		指　　标	
		一等品	合格品
拉伸强度（MPa）＞		2.45	1.65
断裂时的延伸率（%）＞		450	350
加热伸缩率（%），＜	伸　　长	1	
	缩　　短	4	6
拉伸时的老化	加热老化	无裂缝及变形	
	紫外线老化	无裂缝及变形	

项　　目	指　　标	
	一等品	合格品
低温柔性	−35℃无裂纹	−30℃无裂纹
不透水性，0.3MPa，30min	不渗漏	
固体含量（%）	≥94	
适用时间（min）	≥20，黏度不大于 10^5 MPa・s	
涂膜表干时间（h）	≤4 不粘手	
涂膜实干时间（h）	≤12 无粘着	

（2）丙烯酸酯防水涂料

丙烯酸酯防水涂料以水为稀释剂，无溶剂污染，不燃，无毒，能在多种材质表面直接施工。涂膜后可形成具有高弹性、坚韧、无接缝、耐老化、耐候性优异的防水涂膜，并可根据需要加入颜料配制成彩色涂层，美化环境。

丙烯酸酯防水涂料可在潮湿或干燥的混凝土、砖石、木材、石膏板、泡沫板等基面上直接涂刷施工，还适用于新旧建筑物及构筑物的屋面、墙面、室内、卫生间等工程，以及非长期浸水环境下的地下工程、隧道、桥梁等防水工程。

（3）硅橡胶防水涂料

该涂料兼有涂膜防水和浸透性防水材料两者的优良性能，具有良好的防水性、渗透性、成膜性、弹性、粘结性和耐高温性。适应基层的变形能力强，能渗入基层与基底粘结牢固。修补方便，凡在施工遗漏或出现被损伤处可直接涂刷。适用于地下室、卫生间、屋面及各类贮水、输水构筑物的防水、防渗及渗漏工程修补。

（4）聚合物水泥防水涂料

聚合物水泥防水涂料也称 JS 复合防水涂料，由有机液体料(如聚丙烯酸酯、聚醋酸乙烯乳液及各种添加剂组成)和无机粉料(如高铝高铁水泥、石英粉及各种添加剂组成)复合而成的双组分防水涂料，兼有有机材料弹性高、无机材料耐久性好等优点的新型防水材料，涂覆后可形成高强坚韧的防水涂膜，并可根据需要配制成各种彩色涂层。

聚合物水泥防水涂料的特点是：涂层坚韧高强，耐水性、耐久性好；无毒、无味、无污染，施工简便、工期短，可用于饮水工程；可在潮湿的多种材质基面上直接施工，抗紫外线性能、耐候性能、抗老化性能良好，可作外露式屋面防水；掺加颜料，可形成彩色涂层；在立面、斜面和顶面上施工不流淌，适用于有饰面材料的外墙、斜屋面防水，表面不沾污。

聚合物水泥防水涂料的适用范围：可在潮湿或干燥的各种基面上直接施工，如：砖石、砂浆、混凝土、金属、木材、泡沫板、橡胶、沥青等；用于各种新旧建筑物及构筑物防水工程，如屋面、外墙、地下工程、隧道、桥梁、水库等；调整液料与粉料比例为腻子状，也可作为粘结、密封材料，用于粘贴马赛克、瓷砖等。

产品分为Ⅰ型和Ⅱ型。Ⅰ型适用于非长期浸水的环境，Ⅱ型适用于长期浸水的环境。其物理力学性能见表1-13。

聚合物水泥防水涂料的物理力学性能　　表1-13

试　验　项　目		技　术　指　标	
		Ⅰ型	Ⅱ型
固体含量(%)，≥		65	
干燥时间	表干时间(h)，≤	4	
	实干时间(h)，≤	8	

试　验　项　目	技　术　指　标	
	Ⅰ型	Ⅱ型
拉伸强度(MPa)，≥	1.2	1.8
断裂伸长率(%)，≥	200	80
低温柔性，φ10mm棒	−10℃无裂纹	—
不透水性，0.3MPa，30min	不透水	不透水
潮湿基面粘结强度(MPa)，≥	0.5	1.0
抗渗性(背水面)(MPa)，≥	—	0.6

4. 建筑防水密封材料

建筑密封材料是指填充于建筑物的接缝、裂缝、门窗框、玻璃周边及管道接头或其他结构物的连接处，起水密、气密作用的材料。

建筑密封材料按其外观形状可分为定形密封材料(如密封带、止水带、密封条)与不定型密封材料(各种密封胶、嵌缝膏)；按其基本原料主要分为改性沥青密封材料和高分子密封材料两大类。建筑密封材料的分类及常见产品见表1-14。

建筑密封材料的分类及常见产品　　　　表 1-14

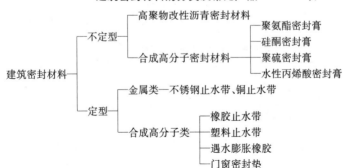

（1）改性沥青密封材料

1）建筑防水沥青嵌缝油膏　是以石油沥青为基料，加入橡胶（SBS）、废橡胶粉、稀释剂、填充料等热熔共混而成的黑色油膏。它是使用较久的低档密封材料，可冷用嵌填，用于建筑的接缝、孔洞、管口等部位的防水防渗。该材料按耐热度和低温柔性分 702 和 801 两个型号。

2）聚氯乙烯建筑防水接缝材料　该材料具有良好的粘结性和防水性；弹性较好，能适应振动、沉降、拉伸等引起的变形要求，保持接缝的连续性，在－20℃及－30℃温度下不脆、不裂，仍有一定弹性；有较好的耐腐蚀性和耐老化性，对钢筋无腐蚀作用；耐热度大于 80℃，夏季不流淌，不下垂，适合各地区气候条件和各种坡度。可用于各类工业与民用建筑屋面接缝节点的嵌填密封，屋面裂缝的防渗漏、修补。

（2）合成高分子密封材料

合成高分子密封材料以弹性聚合物或其溶液、乳液为基础，添加改性剂、固化剂、补偿剂、颜料、填料等经均化混合而成。在接缝中依靠化学反应固化或与空气中的水分交联固化或依靠溶剂、水分蒸发固化，成为稳定粘接密封接缝的弹性体。产品按聚合物分类有硅酮、聚氨酯、聚硫、丙烯酸等类型。

1）水乳型丙烯酸建筑密封膏　是以丙烯酸酯乳液为基料，加入少量表面活性剂、增塑剂、改性剂以及填充料、颜料等配置而成的。

该类产品以水为稀释剂，无溶剂污染、无毒、不燃；有良好的粘结性、延伸性、施工性、耐热性及抗大气老化性，优异的低温柔性；可在潮湿基层上施工，操作方便，可与基层配色，调制成各种不同色彩，无损装饰。

2）聚氨酯建筑密封膏　是以聚氨酯预聚体为基料和含有活性氢化合物的固化剂组成的一种常温固化型弹性密封膏。产品分单组分、双组分两种，品种分非下垂和自流平两种。

聚氨酯密封膏模量低、延伸率大、弹性高、具有良好的粘结性、耐油、耐低温性能，耐伸缩疲劳，可承受较大的接缝位移。

3）聚硫建筑密封膏　是以液态聚硫橡胶为基料和金属过氧化物等硫化剂反应，常温下固化的一种双组分密封材料。品种按伸长率和模量分为 A 类和 B 类；按流变分为非下垂和自流平两种。

聚硫建筑密封膏具有优异的耐候性，良好的气密性和水密性，使用温度范围广，低温柔性好，对金属、混凝土、玻璃、木材等材质都有良好的粘结力。

4）硅酮建筑密封膏　有单组分和双组分两种。单组分型系以有机硅氧烷聚合物为主要成分，加入硫化剂、填料、颜料等成分制成。双组分型系把聚硅氧烷、填料、助剂、催化剂混合为一组分，交联剂为另一组分，使用时两组分按比例混合。

硅酮建筑密封膏具有优异的耐热、耐寒性和较好的耐候性，与各种材料具有良好的粘结性能，而且伸缩疲劳性能、疏水性能亦良好，硫化后的密封膏在－50～＋250℃范围内能长期保持弹性，使用后的耐久性和贮存稳定性都较好。如高层建筑的玻璃幕墙、隔热玻璃粘结密封等。中模量硅酮建筑密封膏除了具有极大伸缩性的接缝不能使用外，其他部位都可以使用。低模量硅酮建筑密封膏主要用于建筑物的非结构型密封部位，如预制混凝土墙板、水泥板、大理石板、花岗岩的外墙接缝、混凝土与金属框架的粘结、厕浴间及高速公路接缝的防水、密封。

（3）定型密封材料

定型密封材料是处理建筑物或地下构筑物接缝的材料，可分为刚性和柔性两大类。刚性类大多是金属材料，如钢或铜制的止水带和泛水。柔性类一般用天然或合成橡胶、聚氯乙烯及类似材料制成，用作密封条、止水带及其他嵌缝材料。遇水膨胀橡胶止水带则是在橡胶内掺加了高吸水性树脂，遇水时则体积迅速吸水膨胀，使缝隙堵塞严密。

5. 刚性防水材料

刚性防水材料是指以水泥、砂、石为原料或掺加少量外加剂、高分子聚合物等材料，通过合理调整水泥砂浆、混凝土的配合比，减少或抑制孔隙率，改善孔隙结构特征，增加各材料界面间的密实性等方法配置而成的具有一定抗渗能力的水泥砂浆、混凝土类的防水材料。

6. 堵漏材料

堵漏材料是能在短时间内速凝的材料，从而堵住水的渗出。堵漏材料的分类及常见产品见表1-15。

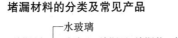

堵漏材料的分类及常见产品　　　　表1-15

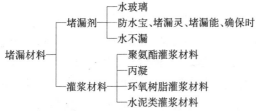

（1）堵漏剂

除传统使用的水玻璃为基料配以适量的水和多种矾类制成的快速堵漏剂外，目前常用的是各种粉类堵漏材料。无机高效防水粉是一种水硬性无机胶凝材料与水调合后具防水防渗性能。品种有堵漏灵、堵漏能、确保时、防水宝等。水不漏类堵漏材料是一种高效防潮、抗渗、堵漏材料，有速凝型和缓凝型，速凝型用于堵漏，缓凝型用于抗渗。

（2）灌浆材料

灌浆材料有水泥类灌浆材料和化学灌浆材料。化学灌浆材料堵漏抗渗效果好。

1）聚氨酯灌浆材料　属于聚氨基甲酸酯类的高分子聚合物，是由多异氰酸酯和多羟基化合物反应而成。聚氨酯灌浆材料分水溶性和非水溶性两大类。

水溶性聚氨酯灌浆材料是由环氧乙烷或环氧乙烷和环氧丙烷开环共聚的聚醚与异氰酸酯合成制得的一种不溶于水的单组分注浆材料。水溶性聚氨酯灌浆材料与水混合后粘度小，可灌性好，形成的凝胶为含水的弹性固体，有良好的适应变形能力，且有一定的粘结强度。该材料适用于各种地下工程内外墙面、地面水池、人防工程隧道等变形缝的防水堵漏。

非水溶性聚氨酯灌浆材料又称氰凝，是以多异氰酸酯和聚醚产生反应生成的预聚体，加以适量的填加剂制成的化学浆液。遇水后立即发生反应，同时放出大量 CO_2 气体，边凝固边膨胀，渗透到细微的孔隙中，最终形成不溶水的凝胶体，达到堵漏的目的。非水溶性聚氨酯灌浆材料适用于地下混凝土工程的三缝堵漏（变形缝、施工缝、结构裂缝）。建筑物的地基加固，特别适合跨度较大的结构裂缝。

2）丙烯酰胺灌浆材料　俗称丙凝，由双组分组成，系以丙烯酰胺为主剂，辅以交联剂、促进剂、引发剂配置而成的一种快速堵漏止水材料。该材料具有粘度低、可灌性好、凝胶时间可以控制等优点。丙凝固化强度较低，湿胀干缩，不宜用于常发性湿度变化的部位作永久性止水措施，也不宜用于裂缝较宽水压较大的部位堵漏，适用于处理水工建筑的裂缝堵漏，大块基础帷幕和矿井的防渗堵漏等。

3）环氧树脂灌浆材料　由主剂（环氧树脂）、固化剂、稀释剂、促进剂组成，具有粘结功能好、强度高、收缩率小的特点。适宜用于修补堵漏与结构加固。目前比较广泛使用的是糠醛丙酮系环氧树脂灌浆材料。

（四）常用防水施工机具

常用施工机具有：①小平铲②扫帚③钢丝刷④油漆刷⑤皮老虎⑥铁桶、塑料桶⑦电动搅拌器⑧手压辊⑨手动挤压枪、气动挤压枪⑩滚动刷⑪磅秤⑫刮板⑬镏子⑭皮卷尺、钢卷尺⑮剪刀、壁纸刀、玻纤布⑯弹线包⑰手掀泵灌浆设备⑱风压罐灌浆设备⑲气动注浆设备⑳电动注浆设备㉑喷灯㉒热压焊接机等。

二、防水工安全防护知识

（一）防火措施

（1）建筑防水工程施工必须遵守国务院颁布的《建筑安装工程安全技术规程》和《中华人民共和国消防条例》，严格执行公安部关于建筑工地防火及其他有关安全防火的专门规定；

（2）对进场的职工进行消防安全知识教育，建立现场安全用火制度，在显著位置设防火标志，不经安全教育不准进场施工；

（3）用火前，必须取得现场用火证明，并将用火周围的易燃物品清理干净，设有专人看火；

（4）施工现场应备有泡沫灭火器和其他消防设备；

（5）调制冷底子油时，应严格控制沥青的配置温度，防止加入溶剂时发生火灾，同时调制地点应远离明火 10m 以外，操作人员不得吸烟；

（6）采用热熔法施工时，石油液化气罐、氧气瓶等应有技术检验合格证，使用时，要严格检查各种安全装置是否齐全有效，施工现场不得有其他明火作业，遇屋面有易燃设备时，应采取隔离防护措施；

（7）火焰喷枪或汽油喷灯应由专人保管和操作，点燃的火焰喷枪(或喷灯口)不准对着人员或堆放卷材处，以免烫伤或着火；

(8) 喷枪使用前，应先检查液化气钢瓶开关及喷枪开关等各个环节的气密性，确认完好无损后才可点燃喷枪，喷枪点火时，喷枪开关不能旋到最大状态，应在点燃后缓缓调节；

(9) 所有溶剂型材料均不得露天存放；

(10) 五级以上大风及雨雪天暂停室外热熔防水施工。

(二) 防 毒 措 施

(1) 挥发性溶剂，其蒸气被人吸入会引起中毒，如在室内及地下室外侧通风不畅的部位施工，要有局部排风装置；

(2) 从事有毒原料施工的人员应根据需要穿戴防毒口罩、胶皮手套、防护眼镜、工作服、胶鞋等防护用品；

(3) 如溶剂附着在皮肤上时，要立即用大量清水冲洗，乙二胺类物质对皮肤有强烈的腐蚀作用，如接触应立即用清水冲洗，然后再用酒精擦净；

(4) 工人在操作中，当吸入有毒有害气体出现头晕、头痛、胸闷等不适症状，应立即离开操作地点，到通风凉爽的地方休息，并请医生诊治；

(5) 溶剂等从容器中往外倾倒时，要注意避免溅出伤人；

(6) 所有溶剂及有挥放性的防水材料，必须用密封容器包装；

(7) 废弃的防水材料及垃圾要集中处理，不能污染环境；

（8）操作者工作完毕后，应洗脸洗手，不得不洗手吃东西和吸烟，最好要全身淋浴，以防中毒。

（三）防 护 措 施

（1）从事高处作业人员要定期体检，凡患高血压、心脏病、贫血病、癫痫病以及其他不适合高处作业的疾病，不得从事高处作业；

（2）操作人员进入施工现场必须戴安全帽，从事高处作业的人员要挂好安全带，高处作业人员衣着要扎紧，禁止穿拖鞋、高跟鞋或赤脚进场作业；

（3）五级风以上或遇有雨雪等恶劣天气影响施工安全时，应停止作业；

（4）脚手架应按规程标准支搭，按照规定支设安全网。施工层脚手架要铺严扎牢，不准留单跳板、探头板。脚手板与建筑物的空隙不得大于200mm；

（5）预留洞口、阳台口和屋面临边等应设防护措施，在距檐口1.5m范围内应侧身施工；

（6）使用吊篮施工，必须经过安全部门验收，吊篮防护必须严密，保险绳应牢固可靠；

（7）高处作业所用的材料要堆放平稳，工具或零星物料应放在工具袋内，上下传递物件禁止抛掷；

（8）使用高车井架或外用电梯时，各层应注意上下联系信号，操作前应预先检查过桥通道是否牢固，上料时，小车前后轮应加挡车横木，平台上人员不得向井内探头；

（9）在坑槽内施工时，应经常检查边壁土质稳固情况，发现异常，立即通知有关人员；

（10）闷热天在基坑槽内施工时，应定时轮换作业，以免发生危险；

（11）使用手持式电动工具必须装有漏电保护装置，操作时必须戴绝缘手套；

（12）作业的垂直下方不得有人，以防掉物伤人。

三、屋面防水工程施工

（一）卷材防水屋面施工

1. 卷材防水屋面的构造

卷材防水屋面一般是由结构层、找平层、隔汽层、保温层、找坡层、防水层、保护层等组成，如图 3-1 所示。

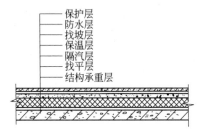

保护层
防水层
找坡层
保温层
隔汽层
找平层
结构承重层

图 3-1　屋面结构层次图

（1）对隔汽层的要求：隔汽层应当是整体连续的，在屋面与垂直面连接的地方，隔汽层应延伸到保温层顶部并高出150mm，以便与防水层相连。隔汽层可采用气密性好的合成高分子卷材或防水涂料。

（2）对保温层的要求：保温层一般采用比重小、具有一定强度的无机材料来做，有松散材料、板状材料及整体现浇(喷)等几种。保温材料在运输、贮存时应防止受潮和雨淋。

松散材料保温层铺设时应分层铺设并压实。板状保温材料铺设时应紧贴在基层上，并铺平垫稳，分层铺设的板块上下层接缝应相互错开，板缝应用同一种材料嵌实。整体现浇的沥青膨胀蛭石或珍珠岩应用机械搅拌均匀，表面要平整，硬质发泡聚氨酯应按配比准确计量，发泡厚度均匀一致。在搬运保温层材料时应轻拿轻放，避免破损影响保温性能。

（3）对防水层的要求：屋面防水层，应按设计要求，选择符合标准的防水材料。

（4）对保护层的要求：上人屋面按设计要求做保护层。常用的保护层有现浇钢筋混凝土、预制混凝土板以及地砖等。不上人屋面纸胎油毡的保护层一般撒绿豆砂。高聚物改性沥青防水卷材可在卷材表面涂刷一层改性沥青胶，随刷胶随撒砂粒、片石、云母粉等，要撒匀、粘牢。

（5）对基层含水率的要求：为了防止卷材屋面防水层起鼓、开裂，要求做防水层以前，保温层应干燥。简单的测试方法是裁剪一块 1m×1m 的防水卷材，平铺在找平层上，在太阳直射下，过 3～4 小时后揭开卷材，如找平层上没有明显的湿印，即可认为含水率合格；如有明显的湿印甚至有水珠出现，说明基层含水率太高，不宜铺设卷材。

在基层含水率高的情况下，为了赶工期，可以做排汽屋面。排汽屋面的做法如下：

在找平层上隔一定的距离（一般不大于 6m）留出或凿出排汽道。排汽道的宽度 30～40mm，深度一直到结构层，排汽道要互相贯通。通常屋脊上有一道纵向排汽道，在纵横排汽道的交叉处放置排汽管。排汽管可用塑料管或钢管自制，直径 100mm 为宜。排汽管应高出找平层 100～150mm，埋入保温层的部分周围应钻眼，用钢管时可将埋入部分用三根支撑代替,以利于排汽。排汽道内可用碎砖块、大块炉渣等充填,不能用粉末状材料填入。在排汽道上面干铺一层宽150mm的卷材,为防止移动,也可点粘在排汽道上。排汽道上应加防雨帽,架空隔热屋面可以不加,排汽管固定好就可以做卷材了。卷材与排汽管处的防水要做好,用防水涂料加玻纤布涂刷为宜,一般一年后即可以拆掉排汽管,不上人屋面也可以不拆。

2. 卷材防水施工方法和适用范围

卷材防水目前常见的施工类别有热施工工艺、冷施工工艺、机械固定工艺三大类。每一种施工工艺又有若干不同的施工方法,各种不同的施工方法又各有其不同的适用范围。因此,施工时应根据不同的设计要求、材料情况、工程具体做法等选定合适的施工方法。卷材防水的施工方法和适用范围可参考表3-1。

卷材防水施工方法和适用范围   表3-1

工艺类别	名称	做　法	适用范围
热施工工艺	热熔法	采用火焰加热器熔化热熔型防水卷材底部的热熔胶进行粘结的方法	有底层热熔胶的高聚物改性沥青防水卷材
	热风焊接法	采用热空气焊枪加热防水卷材搭接缝进行粘结的方法	合成高分子防水卷材搭接缝焊接
冷施工工艺	冷玛琋脂粘贴法	采用工厂配置好的冷用沥青胶结材料,施工时不需加热,直接涂刮后粘贴油毡	石油沥青油毡三毡四油(二毡三油)叠层铺贴
	冷粘法	采用胶粘剂进行卷材与基层、卷材与卷材的粘结,而不需要加热的施工方法	合成高分子防水卷材

30

工艺类别	名称	做　法	适　用　范　围
冷施工工艺	自粘法	采用带有自粘胶的防水卷材，不用热施工，也不需涂刷胶结材料，而直接进行粘结的方法	带有自粘胶的合成高分子防水卷材及高聚物改性沥青防水卷材
机械固定工艺	机械钉压法	采用镀锌钢钉或铜钉等固定卷材防水层的施工方法	多用于木基层上铺设高聚物改性沥青防水卷材
	压埋法	卷材与基层大部分不粘结，上面采用卵石等压埋，但搭接缝及周边要全粘	用于空铺法、倒置式屋面

3. 卷材防水层的铺贴方法和技术要求

（1）卷材防水层的铺贴方法

卷材防水层的铺贴方法有满粘法、空铺法、点粘法和条粘法四种，其具体做法、优缺点和适用条件如下：

1）满粘法　满粘法又叫全粘法，即在铺贴防水卷材时，卷材与基层采用全部粘结的施工方法。

2）空铺法　是指铺贴防水卷材时，卷材与基层仅在四周一定宽度内粘贴，粘结面积不少于1/3的施工方法。铺贴时，应在檐口、屋脊和屋面的转角处及突出屋面的连接处，卷材与找平层应满涂玛琦脂粘结，其粘结宽度不得小于80mm，卷材与卷材的搭接缝应满粘，叠层铺设时，卷材与卷材之间应满粘。

空铺法可使卷材与基层之间互不粘结，减少了基层变形对防水层的影响，有利于解决防水层开裂、起鼓等问题；但是对于叠层铺设的防水层由于减少了一油，降低了防水功能，如一旦渗漏，不容易找到漏点。

空铺法适用于基层湿度过大、找平层的水蒸汽难以由排汽道排入大气的屋面，或用于埋压法施工的屋面。在沿海大风地区，应慎用，以防被大风掀起。

3）条粘法　是指铺贴卷材时，卷材与基层采用条状粘结的施工方法。每幅卷材与基层的粘结面不得少于两条，每条宽度不应少于 150mm。每幅卷材与卷材的搭接缝应满粘，当采用叠层铺贴时，卷材与卷材间应满粘。

这种铺贴方法，由于卷材与基层在一定宽度内不粘结，增大了防水层适应基层变形的能力，有利于解决卷材屋面的开裂、起鼓，但这种铺贴方法，操作比较复杂，且部分地方减少了一油，降低了防水功能。

条粘法适用于采用留槽排汽不能可靠地解决卷材防水层开裂和起鼓的无保温层屋面，或者温差较大，而基层又十分潮湿的排汽屋面。

4）点粘法　是指铺贴防水卷材时，卷材与基层采用点状粘结的施工方法。要求每平方米面积内至少有 5 个粘结点，每点面积不小于 100mm×100mm，卷材与卷材搭接缝应满粘。当第一层采用打孔卷材时，也属于点粘法。防水层周边一定范围内也应与基层满粘牢固。点粘的面积，必要时应根据当地风力大小经计算后确定。

点粘法铺贴，增大了防水层适应基层变形的能力，有利于解决防水层开裂、起鼓等问题，但操作比较复杂，当第一层采用打孔卷材时，施工虽然方便，但仅可用于石油沥青三毡四油叠层铺贴工艺。

点粘法适用于采用留槽排汽不能可靠地解决卷材防水层开裂和起鼓的无保温层屋面，或者温差较大，而基层又十分潮湿的排汽屋面。

(2) 卷材施工顺序和铺贴方向

1) 施工顺序 卷材铺贴应遵守"先高后低、先远后近"的施工顺序。即高跨低跨屋面,应先铺高跨屋面,后铺低跨屋面;在等高的大面积屋面,应先铺离上料点较远的部位,后铺较近部位。卷材防水大面积铺贴前,应先做好节点处理,附加层及增强层铺设,以及排水集中部位的处理。如节点部位密封材料的嵌填,分格缝的空铺条以及增强的涂料或卷材层。然后由屋面最低标高处开始,如檐口、天沟部位再向上铺设。尤其在铺设天沟的卷材,宜顺天沟方向铺贴,从水落口处向分水线方向铺贴。

大面积屋面施工时,为了提高工效和加强技术管理,可根据屋面面积的大小,屋面的形状、施工工艺顺序、操作人员的数量、操作熟练程度等因素划分流水施工段,施工段的界线宜设在屋脊、天沟、变形缝等处,然后根据操作要求和运输安排,再确定各施工段的流水施工顺序。

2) 卷材铺贴方向 屋面防水卷材的铺贴方向应根据屋面坡度和屋面是否受振动来确定,当屋面坡度小于 3‰时,卷材宜平行屋脊铺贴;屋面坡度在 3‰~15‰时,卷材平行或垂直于屋脊铺贴;屋面坡度大于 15‰或受振动时,沥青防水卷材应垂直于屋脊铺贴,高聚物改性沥青防水卷材和合成高分子防水卷材可平行或垂直屋脊铺贴,但上下层卷材不得相互垂直铺贴。

(3) 卷材搭接宽度要求

卷材搭接视卷材的材性和粘贴工艺分为长边搭接和短边搭接,搭接宽度要求见表 3-2。

卷材搭接宽度(mm)   表 3-2

铺贴方法 卷材种类		长边搭接		短边搭接	
		满粘法	空铺、点粘、条粘法	满粘法	空铺、点粘、条粘法
沥青防水卷材		100	150	70	100
高聚物改性沥青防水卷材		80	100	80	100
合成高分子防水卷材	胶粘剂	80	100	80	100
	胶粘带	50	60	50	60
	单缝焊	60，有效焊接宽度不小于 25			
	双缝焊	80，有效焊接宽度 10×2＋空腔宽			

4. 改性沥青防水卷材施工

改性沥青防水卷材的施工方法有热熔法、冷粘法、冷粘法加热熔法、热沥青粘结法等，目前使用较多的是热熔法和冷粘法施工。

改性沥青防水卷材施工前，对基层的要求与处理方法和沥青基防水卷材一样，主要是检查找平层的质量和基层含水率。改性沥青防水卷材每平方米屋面铺设一层时需卷材 1.15～1.2m²。

（1）热熔法施工

施工时在找平层上先刷一层基层处理剂，用改性沥青防水涂料稀释后涂刷较好，也可以用冷底子油或乳化沥青。找平层表面全部要涂黑，以增强卷材与基层的粘结力。

对于无保温层的装配式屋面，为避免结构变形将卷材拉裂，在板缝或分格缝处 300mm 内，卷材应空铺或点粘，缝的两侧 150mm 不要刷基层处理剂，也可以干铺一层油毡作隔离层。

基层处理剂干燥后，先弹出铺贴基准线，卷材的搭接宽度按表 3-2 执行。

改性沥青卷材屋面防水往往只做一层，所以施工时要特别细心。尤其是节点及复杂部位、卷材与卷材的连接处一定要做好，才能保证不渗漏。大面积铺贴前应先在水落口、管道根部、天沟部位做附加层，附加层可以用卷材剪成合适的形状贴入水落口或管道根部，也可以用改性沥青防水涂料加玻纤布处理这些部位。屋面上的天沟往往因雨较大或排水不畅造成积水，所以天沟是屋面防水中的薄弱处，铺贴在天沟中的卷材接头越少越好，可将整卷卷材顺天沟方向全部满粘，接头粘好后再裁 100mm 宽的卷材把接头加固。

热熔法施工的关键是掌握好烘烤的温度。温度过低，改性沥青没有融化、粘结不牢；温度过高沥青炭化，甚至烧坏胎体或将卷材烧穿。烘烤温度与火焰的大小、火焰和烘烤面的距离、火焰移动的速度以及气温、卷材的品种等诸多因素有关，要在实践中不断总结积累经验。加热程度控制为热熔胶出现黑色光泽(此时沥青的温度在 200～230℃之间)、发亮并有微泡现象，但不能出现大量气泡。

卷材与卷材搭接时要将上下搭接面同时烘烤，粘合后从搭接边缘要有少量连续的沥青挤出来，如果有中断，说明这一部位没有粘好，要用小扁铲挑起来再烘烤直到沥青挤出来为止。边缘挤出的沥青要随时用小抹子压实。对于铝箔复面的防水卷材烘烤到搭接面时，火焰要放小，防止火焰烤到已铺好的卷材上，损坏铝箔，必要时还可用隔板保护。

热熔法铺贴卷材一般以三人为一组为宜：一人负责烘烤，一人向前推贴卷材，一人负责滚压和收边并负责移动液化气瓶。

铺贴时要让卷材在自然状态下展开，不能强拉硬扯。如发现卷材铺偏了，要裁断再铺，不能强行拉正，以免卷材局部受力造成开裂。

热熔卷材的边沿必须做好，对于没有女儿墙的卷材边沿，可按图 3-2 予以处理。

有挑檐的屋面可按图 3-3 所示将卷材包到外沿顶部并用

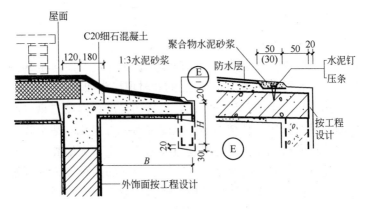

图 3-2　屋面挑檐防水做法(一)

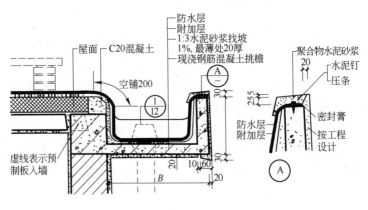

图 3-3　屋面挑檐防水做法(二)

水泥钉、压条固定后再粉刷保护层。有女儿墙的屋面应将卷材压入顶留的凹槽内，再用聚合物水泥砂浆固定。如果是混凝土浇筑的女儿墙没有留出凹槽，应将卷材立面粘牢后，再用水泥钉及压条将卷材沿边沿钉牢，卷材边涂上密封膏（图3-4）。如果卷材立面要做水泥砂浆保护层，应选用带砂粒或页岩片覆面的卷材。

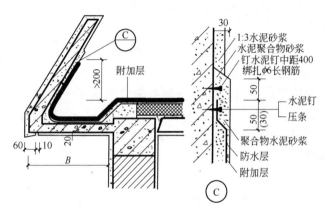

图3-4 屋面挑檐防水做法（三）

（2）冷粘法施工

改性沥青防水卷材在不能用火的地方以及卷材厚度小于3mm时，宜用冷粘法施工。

冷粘法施工质量的关键是粘结剂的质量。粘结剂材料要求与沥青相容，剥离强度要大于8N/10mm，耐热度大于85℃。不能用一般的改性沥青防水涂料作粘结剂，施工前应先做粘结性能试验。冷粘法施工时对基层要求比热熔法更高，基层如不平整或起砂就粘不牢。

冷粘法施工时，应先将粘合剂稀释后在基层上涂刷一层，干燥后即粘贴卷材，不可隔时过久，以免落上灰尘，影响粘贴效果。粘贴时同样先做附加层和复杂部位，然后再大面积粘贴。涂刷粘结剂时要按卷材长度边涂边贴。涂好后稍晾一会让溶剂挥发掉一部分，然后将卷材贴上。溶剂过多卷材会起鼓。卷材与卷材粘结时更应让溶剂多挥发一些，边贴边用压辊将卷材下的空气排出来。要贴得平展，不能有皱折。有时卷材的边沿并不完全平整，粘贴后边沿会部分翘起来，此时可用重物把边沿压住，过一段时间待粘牢后再将重物去掉。

5. 聚乙烯丙纶卷材主要施工方法

（1）施工操作程序

验收基层→清扫基层→制备聚合物水泥→处理复杂部位→铺贴复合卷材→检验复合卷材施工质量→保护层施工→验收（垫层与保护层均为 C15 细石混凝土，随打随抹，保护层厚度 50mm）。

（2）聚合物水泥的配制

胶粘剂含量为水泥重量的 2%，即一袋水泥（50kg）配用一袋胶粘剂（1kg），配制时将一袋胶粘剂与 6kg～10kg 的水泥干混均匀，然后边搅拌边将其加入到 27.5～32.5kg 的水中（相当于水泥重量的 55%～65%，即 2.5 个外包装箱容积），搅拌均匀后逐渐加入剩余的水泥，边加入水泥边搅拌，搅拌至无凝块、无沉淀、无气泡即可使用。

（3）复杂部位的处理

复杂部位（阴角、转角、桩头等）的附加层使用 300g/m² 的聚乙烯丙纶防水卷材按图纸和规范要求单独处理。

（4）卷材的铺贴（400g/m²）

1）复合卷材粘贴方向按长方向铺贴。铺贴时，先在铺贴部位将复合卷材预放 3～12m，找正方向后，在中间处固定，将卷材一端卷至固定处粘贴，这端粘贴完毕后，再将预放的卷材另一端卷回至已粘贴好的位置，连续铺贴直至整副完成。铺贴方法：将水泥胶涂至找平层和卷材对应的表面上厚约 1.0mm，然后粘贴卷材，同时在卷材上表面用刮板将粘接面排气压实，排出多余部分粘接胶。

2）垂直面复合卷材粘贴必须纵向粘贴，自上向下对正，自下向上排气压实，要求基层与卷材同时涂胶，厚度约 1.0mm。

3）缝搭接宽度：长边接缝 100mm，短边接缝 120mm。

6. 合成高分子防水卷材施工

（1）卷材冷粘法施工

防水卷材冷粘法操作是指采用胶粘剂进行卷材与基层、卷材与卷材的粘结，而不需要加热施工的方法。

合成高分子防水卷材用冷粘法施工，不仅要求找平层干燥，施工过程中还要尽量减少灰尘的影响，所以卷材在有霜有雾时，也要等霜雾消失找平层干燥后再施工。卷材铺贴时遇雨、雪应停止施工，并及时将已铺贴的卷材周边用胶粘剂封口保护。暑期夜间施工时，当后半夜找平层上有露水时也不能施工。

1）工艺流程　清理基层→涂刷基层处理剂→附加层处理→卷材表面涂胶（晾胶）→基层表面涂胶（晾胶）→卷材的粘结→排气压实→卷材接头粘结（晾胶）→压实→卷材末端收头及封边处理→蓄水试验→做保护层。

2）操作工艺　涂刷基层处理剂：施工前将验收合格的基层重新清扫干净，以免影响卷材与基层的粘结。基层处理剂一般是用低黏度聚氨酯涂膜防水材料，用长把滚刷蘸满后均匀涂刷在基层表面，不得见白露底，待胶完全干燥后即可进行下一工序的施工。

复杂部位增强处理：对于阴阳角、水落口、通汽孔的根部等复杂部位，应先用聚氨酯涂膜防水材料或常温自硫化的丁基橡胶胶粘带进行增强处理。

涂刷基层胶粘剂：先将氯丁橡胶系胶粘剂(或其他基层胶粘剂)的铁桶打开，用手持电动搅拌器搅拌均匀，即可涂刷基层胶粘剂。

a. 在卷材表面上涂刷：先将卷材展开摊铺在平整、干净的基层上(靠近铺贴位置)，用长柄滚刷蘸满胶粘剂，均匀涂刷在卷材的背面，不要刷得太薄而露底，也不得涂刷过多而聚胶。还应注意，在搭接缝部位处不得涂刷胶粘剂，此部位留作涂刷接缝胶粘剂用。涂刷胶粘剂后，经静置 10～20min，待指触基本不粘手时，即可将卷材用纸筒芯卷好，就可进行铺贴。打卷时，要防止砂粒、尘土等异物混入。

应该指出，有些卷材如 LYX-603 氯化聚乙烯防水卷材，在涂刷胶粘剂后立即可以铺贴。因此，在施工前要认真阅读厂商的产品说明书。

b. 在基层表面上涂刷：用长柄滚刷蘸满胶粘剂，均匀涂刷在基层处理剂已基本干燥和洁净的表面上。涂刷时要均匀，切忌在一处反复涂刷，以免将底胶"咬起"。涂刷后，经过干燥 10～20min，指触基本不粘手时，即可铺贴卷材。

c. 铺贴卷材：操作时，几个人将刷好基层胶粘剂的卷材抬起，翻过来，将一端粘贴在预定部位，然后沿着基准线铺展卷材。铺展时，对卷材不要拉得过紧，而要在合适的状态下，每隔 1 米左右对准基准线粘贴一下，以此顺序对线铺贴卷材。平面与立面相连的卷材，应由下开始向上铺贴，并使卷材紧贴阴面压实。

d. 排除空气和滚压：每当铺完一卷卷材后，应立即用松软的长把滚刷从卷材的一端开始朝卷材的横向顺序用力滚压一遍，彻底排除卷材与基层间的空气。排除空气后，卷材平面部位可用外包橡胶的大压辊滚压，使其粘结牢固。滚压时，应从中间向两侧移动，做到排气彻底。如有不能排除的气泡，也不要割破卷材排气，可用注射用的针头，扎入气泡处，排除空气后，用密封胶将针眼封闭，以免影响整体防水效果和美观。

e. 卷材接缝粘结：搭接缝是卷材防水工程的薄弱环节，必须精心施工。施工时，首先在搭接部位的上表面，顺边每隔 0.5~1m 处涂刷少量接缝胶粘剂，待其基本干燥后，将搭接部位的卷材翻开，先做临时固定。然后将配置好的接缝胶粘剂用油漆刷均匀涂刷在翻开的卷材搭接缝的两个粘结面上，涂胶量一般以 0.4~0.6kg/m² 为宜。干燥 20~30min 指触手感不粘时，即可进行粘贴。粘贴时应从一端开始，一边粘贴一边驱除空气，粘贴后要及时用手持压辊按顺序认真地滚压一遍，接缝处不允许有气泡或皱折存在。遇到三层重叠的接缝处，必须填充密封膏进行封闭，否则将成为渗水路线。

f. 卷材末端收头处理：为了防止卷材末端收头和搭接缝边缘的剥落或渗漏，该部位必须用单组分氯磺化聚乙烯或聚氨酯密封膏封闭严密，并在末端收头处用掺有水泥用量 20%108 胶的水泥砂浆进行压缝处理。常见的几种末端收头处理如图 3-5 所示。

防水层完工后应做蓄水试验，其方法与前述相同。合格后方可按设计要求进行保护层施工。

（2）卷材自粘法施工

卷材自粘法是采用带有自粘胶的一种防水卷材，不需热

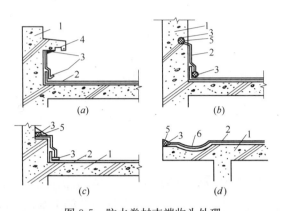

图 3-5 防水卷材末端收头处理

(a)、(b)、(c)屋面与墙面;(d)檐口

1—混凝土或水泥砂浆找平层;2—高分子防水卷材;3—密封
膏嵌填;4—滴水槽;5—108胶水泥砂浆;6—排水沟

加工,也不需涂刷胶粘剂,可直接实现防水卷材与基层粘结
的一种操作工艺,实际上是冷粘法操作工艺的发展。由于自
粘型卷材的胶粘剂与卷材同时在工厂生产成型,因此质量可
靠,施工简便、安全;更因自粘型卷材的粘结层较厚,有一
定的徐变能力,适应基层变形的能力增强,且胶粘剂与卷材
合二为一,同步老化,延长了使用寿命。

自粘法施工可采用满粘法或条粘法。若采用条粘法时,
只需在基层上脱离部位上刷一层石灰水,或加铺一层裁剪下
来的隔离纸,即可达到隔离的目的。

卷材自粘法施工的操作工艺中,清理基层、涂刷基层处
理剂、节点密封等与冷粘法相同。这里仅就卷材铺贴方法作
一介绍。

1)滚铺法 当铺贴大面积卷材时,隔离纸容易撕剥,
此时宜采用滚铺法。滚铺法是撕剥隔离纸与铺贴卷材同时进

行。施工时不要打开整卷卷材，用一根 $\phi30\times1500$mm 的钢管穿过卷材中间的纸芯筒，然后由两人各持钢管一端，把卷材抬到待铺位置的开始端，并把卷材向前展开 500mm 左右，由一人把开始端的 500mm 卷材拉起来，另一人撕剥开此部分的隔离纸，将其折成条形（或撕断已剥部分的隔离纸），随后由另外两人各持钢管一端，把卷材抬起（不要太高），对准已弹好的粉线轻轻摆铺，同时注意长、短方向的搭接，再用手予以压实。待开始端的卷材固定后，撕剥端部隔离纸的工人把折好的隔离纸拉出（如撕断则重新剥开），卷到已用过的包装纸芯筒上，随即缓缓剥开隔离纸，并向前移动，而抬卷材的两人同时沿基准粉线向前滚铺卷材，如图 3-6 所示。

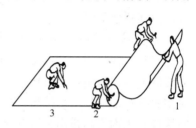

图 3-6 卷材自粘法施工（滚铺法）
1—撕剥隔离纸，并卷到用过的包装纸芯筒上；2—滚铺卷材；3—排气滚压

每铺完一幅卷材，即可用长柄滚刷从开始端起彻底排除卷材下面的空气。排完空气后，再用大压辊将卷材压实平整，确保粘结牢固。

2）抬铺法　当铺部位较复杂，如天沟、泛水、阴阳角或有突出物的基面时，或由于屋面面积较小以及隔离纸不易撕剥（如温度过高、储存保管不好等）时就可采用抬铺法施工。

抬铺法是先将要铺贴的卷材剪好，反铺于屋面平面上，待剥去全部隔离纸后，再铺贴卷材。首先应根据屋面形状考虑卷材搭接长度剪裁卷材，其次要认真撕剥隔离纸。撕剥时，已剥开的隔离纸宜与粘结面保持 $45°\sim60°$ 的锐角，防止拉断隔离纸。另外,剥开的隔离纸要放在合适的地方,防止被风吹到已剥去隔离纸的卷材胶结面上。剥完隔离纸后,使卷材的粘结胶面朝外,把卷材沿长向对折。对折后,分别由两人从卷材的两端配合翻转卷材,翻转时,要一手拎住半幅卷材,另一手缓缓铺放另半幅卷材。在整个铺放过程中,各操作工人要用力均匀,配合默契。待卷材铺贴完成后,应与滚铺法一样,从中间向两边缘处排出空气后,再用压辊滚压,使其粘结牢固。

3) 搭接缝粘贴　自粘型卷材上表面有一层防粘层(聚乙烯薄膜或其他材料),在铺贴卷材前,应将相邻卷材待搭接部位的上表面防粘层先熔化掉,使搭接缝能粘结牢固。操作时用手持汽油喷灯沿搭接粉线熔烧搭接部位的防粘层。卷材搭接应在大面卷材排出空气并压实后进行。

粘结搭接缝时,应掀开搭接部位的卷材,用扁头热风枪加热搭接卷材底面的胶粘剂,并逐渐前移。另一人紧随其后,把加热后的搭接部位卷材马上用棉纱团从里向外予以排气,并抹压平整。最后一人则用手持压辊滚压搭接部位,使搭接缝密实。加热时应注意控制好加热程度,其标准是经过压实后,在搭接边的末端有胶粘剂稍稍外溢为度。

搭接粘贴密实后,所有搭接缝均应用密封材料封边,宽度不少于 10mm,其涂封量可参照材料说明书的有关规定。三层重叠部位的处理方法与卷材冷粘法操作相同。

(3) 卷材热风焊接法施工

热风焊接法是采用热空气焊枪进行合成高分子防水卷材搭接粘合的一种操作工艺。

目前 PVC 防水卷材的铺贴是采用空铺法,另加点式机械固定或点粘、条粘,细部构造则采用胶粘。

1) 施工用的主要机具　卷材热风焊接法施工应准备的主要机具有：热风焊接机、热风塑料焊枪和小压辊、冲击钻、钩针、油刷、刮板、胶桶、小铁锤等。

2) 操作要点　基层要求详见卷材防水屋面构造中的有关内容。

细部构造：按屋面规范要求施工，附加层的卷材必须与基层粘结牢固。特殊部位如水落口、排气口、上人孔等均可提前预制成型或在现场制作，然后安装粘结牢固。

大面铺贴卷材：将卷材垂直于屋脊方向由上至下铺贴平整，搭接部位要求尺寸准确，并应排除卷材下面的空气，不得有皱折现象。采用空铺法铺贴卷材时，在大面积上（每 $1m^2$ 有 5 个点采用胶粘剂与基层固定，每点胶粘面积约 $400cm^2$）以及檐口、屋脊和屋面的转角处及突出屋面的连接处（宽度不小于 800mm）均应用胶粘剂，将卷材与基层固定。

搭接缝焊接：卷材长短边搭接缝宽度均 50mm，可采用单道式或双道式焊接，如图 3-7 所示。焊接前应先将复合无纺布清除，必要时还需用溶剂擦洗；焊接时，焊枪喷出的温度应使卷材热熔后，小压辊能压出熔浆为准，为了保证焊接后卷材表面平整，应先焊长边搭接缝，后焊短边搭接缝。

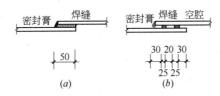

图 3-7　卷材搭接缝焊接方法
(a)单道缝；(b)双道缝

焊缝检查：如采用双道焊缝，可用 5 号注射针与压力表相接，将钩针扎于两个焊缝的中间，再用打气筒进行充气。当压力表达到 0.15MPa 时应停止充气，如保持压力时间不少于 1min，则说明焊接良好；如压力下降，说明有未焊好的地方。这时可用肥皂水涂在焊缝上，若有气泡出现，则应在该处重新用焊枪或电烙铁补焊直到检查不漏气为止。另外，每工作班、每台热压焊接机均应取 1 处试样检查，以便改进操作。

机械固定：如不采用胶粘剂固定卷材，则应采用机械固定法。机械固定需沿卷材之间的焊缝进行，间隔 600～900mm 用冲击钻将卷材与基层钻眼，埋入 ϕ60 的塑料膨胀塞，加垫片用自攻螺丝固定，然后在固定点上用 ϕ100～150 卷材焊接，并将该点密封。也可将上述固定点放在下层卷材的焊缝边，再在上层与下层卷材焊接时将固定点包焊在内部。

卷材收头：卷材全部铺贴完毕经试水合格后，收头部位可用铝条(2.5mm×25mm)加钉固定，并用密封膏封闭。如有留槽部位，也可将卷材弯入槽内，加点固定后，再用密封膏封闭，最后用水泥砂浆抹平封死。

（二）涂膜防水屋面施工

1. 涂膜防水施工的准备工作

（1）技术准备

1）熟悉和会审图纸，掌握和了解设计意图，收集有关该品种涂膜防水的有关资料；

2）编制防水工程施工方案；

3）向操作人员进行技术交底或培训；

4）确定质量目标和检验要求；

5）提出施工记录的内容要求。

（2）材料准备

1）进场、贮存　施工所用防水涂料、胎体增强材料及其他辅助材料均应按设计要求选购进场，并做妥善保管、贮存。

2）抽样复检　为了保证涂膜防水层的质量，对进入施工现场的防水涂料和胎体增强材料应进行抽样复检。防水涂料应检验延伸（断裂伸长率）、固体含量、柔性、不透水性和耐热度。抽样的数量，根据防水面积每 1000m² 所耗用的防水涂料和胎体增强材料的数量为一个抽检单位的原则，《屋面工程质量验收规范》（GB 50207—2002）规定：同一规格品种的防水涂料每 10t 为一批，不足 10t 者按一批进行抽检；胎体增强材料每 3000m² 为一批，不足 3000m² 者按一批进行抽检。

3）准备涂膜防水层使用的胶料。

（3）施工机具的准备

涂膜防水施工前，应根据所采用涂料的种类、涂布方法，准备使用的计量器具、搅拌机具、涂布工具及运输工具等。

涂膜施工常用的施工机具见表 3-3。实际操作时，所需机具、工具的数量和品种可根据工程情况及施工组织情况进行调整。此外，为了清洗所用工具、还必须准备必要的清洗用具和溶剂。

（4）防水基层的准备

基层是防水层赖以存在的基础，与卷材防水层相比，涂膜防水对基层的要求更为严格。

涂膜防水施工机具及用途 表 3-3

名 称	用 途	备 注
棕扫帚	清理基层	不掉毛
钢丝刷	清理基层、管道等	
磅秤、台秤等	配料、计量	
电动搅拌器	涂料搅拌	功率大、转速较低
铁桶或塑料桶	盛装混合料	圆桶便于搅拌
开罐刀	开启涂料罐	
棕毛刷、圆辊刷	涂刷基层处理剂	
塑料刮板、胶皮刮板	涂布涂料	
喷涂机	喷涂基层处理剂、涂料	根据涂料黏度选用
裁剪刀	裁剪增强材料	
卷尺	量测检查	长 2～5m

1) 坡度　屋面坡度过于平缓，或坡度不符合设计要求，则容易积水，成为渗漏的原因之一。屋面防水是一个完整的概念，必须防排结合，只有在屋面不积水的情况下，防水才具有可靠性和耐久性。基层施工时，必须保证坡度符合设计要求。

2) 平整度与表面质量　基层的平整度是保证涂膜防水质量的主要条件。基层表面疏松和不清洁或强度太低，裂缝过大，都容易使涂膜与基层粘结不牢，在使用过程中，往往会造成防水层与基层的剥离，成为渗漏的主要原因之一。《屋面工程质量验收规范》(GB 50207—2002)5.3.13 条要求涂膜防水层与基层应粘结牢固，表面平整，涂刷均匀，无流淌、皱折、鼓泡、露胎体和翘边等缺陷。

3) 干燥程度　基层的干燥程度显著地影响涂膜防水层与基层的结合。如果基层不充分干燥，涂料渗透不进，施工后在水蒸汽压力作用下，会使防水层剥离，发生鼓泡现象。

目前，国内实用、准确地测试基层表面干燥程度的仪器尚未问世，新规范中对防水层施工时基层干燥程度还未能作出具体的定量规定。一般而言，溶剂型防水涂料对基层干燥程度的要求比水乳型防水涂料严格；沥青基防水涂料多属水性厚质涂料，可在基层表干后涂布施工；高聚物改性沥青防水涂料和合成高分子防水涂料视其种类不同对基层干燥程度有不同的要求，但溶剂型防水涂料的涂布必须待基层干燥后方可进行涂布施工。

4）节点细部　屋面板侧壁缝及板端缝应清理干净，在这些板缝中浇筑的细石混凝土应浇捣密实，板端缝中嵌填的密封材料应粘结牢固，封闭严密。找平层上应事先留出分格缝并与板端缝上下对齐，均匀顺直。基层与突出屋面结构（女儿墙、立墙、天窗壁、变形缝、烟囱等）的连接处，以及基层的转角处（水落口、檐口、天沟、檐沟、屋脊、管道）等，均应做成圆弧，其半径不应小于 50mm。

（5）施工气候条件的影响

如果在雨天、雪天进行防水涂膜施工，一方面增加施工操作难度；另一方面对水乳型涂料会造成破乳或被雨水冲失而失去防水作用，对溶剂型涂料将会降低各涂层之间、涂层与基层间的粘结力，所以不论是何种防水涂料，雨天、雪天严禁施工。溶剂型涂料施工气温宜为$-5℃\sim35℃$，水乳型涂料施工气温宜为$5℃\sim35℃$。五级风时会影响涂布操作，难以保证防水层质量和人身安全，所以五级风及其以上时不得施工。

2. 薄质涂料施工工艺

所谓薄质涂料是指设计防水涂膜厚度在 3mm 以下的涂料。薄质涂料一般是水乳型或溶剂型的高聚物改性沥青防水涂料或合成高分子防水涂料。我国目前常用的薄质涂料有：再生橡胶沥青防水涂料、氯丁橡胶沥青防水涂料、聚氨酯防水涂料、硅橡胶防水涂料等。根据涂料性能不同，其涂刷遍数、涂刷的间隔时间也不同。涂刷的方法有涂刷法和刮涂法两种。

(1) 配料和搅拌

1) 双组分涂料　采用双组分涂料时，每份涂料在配料前必须先搅拌。配料应根据材料生产厂家提供的配合比现场配置，严禁任意改变配合比。配料时要求计量准确（过秤），主剂和固化剂的混合偏差不得大于±5％。

涂料混合时，应先将主剂放入搅拌容器或电动搅拌器内，然后放入固化剂，并立即开始搅拌。搅拌筒应选用圆的铁桶或塑料桶，以便搅拌均匀。采用人工搅拌时，要注意将涂料上下、前后、左右及各个角落都充分搅拌均匀，搅拌时间一般在 3～5min 左右。采用电动搅拌器搅拌时，应选用功率大，旋转速度不太高，旋转力强的搅拌器。因为旋转速度太快就容易把空气裹进去，涂刷时涂膜就容易起泡。

搅拌的混合料以颜色均匀一致为标准。如涂料稠度太大，涂布困难时，可根据厂家提供的品种和数量掺加稀释剂，切忌任意使用稀释剂稀释，否则会影响涂料性能。

2) 单组分涂料　单组分涂料一般用铁桶或塑料桶密闭包装，打开桶盖后即可施工，但由于涂料桶装量大（一般为200kg）且防水涂料中均含有填充料，容易沉淀而产生不匀质现象，故使用前还应进行搅拌。

(2) 涂层厚度控制试验

涂膜防水施工前，必须根据设计要求的每平方米涂料用量、涂膜厚度及涂料材性事先试验确定每道涂料涂刷的厚度以及每个涂层需要涂刷的遍数。

（3）涂刷间隔时间试验

各种防水涂料都有不同的干燥时间，干燥有表干和实干之分。施工前要根据气候条件经试验确定每遍涂刷的涂料用量和间隔时间。薄质涂料每遍涂层表干时实际上已基本达到了实干，因此，可用表干时间来控制涂刷间隔时间。

（4）涂刷基层处理剂

为了增强涂料与基层的粘结，在涂料涂布前，必须对基层进行处理，即先涂刷一道较稀的涂料作为基层处理剂。基层处理剂的种类有以下三种：

1）若使用水乳型防水涂料，可用掺 0.2%～0.5%乳化剂的水溶液或软化水将涂料稀释。如无软水可用冷开水、饮用水代替，切忌加入一般水（天然水）。

2）若使用溶剂型防水涂料，由于其渗透能力比水乳型防水涂料强，可直接用涂料薄涂做基层处理。若涂料较稠，可用相应的溶剂稀释后使用。

3）高聚物改性沥青防水涂料也可用沥青溶液（即冷底子油）作为基层处理剂，或在现场以煤油：30 号石油沥青＝60：40 的比例配置而成的溶剂作为基层处理剂。

基层处理剂涂刷时，应用刷子用力薄涂或喷涂，使涂料尽量刷进基层表面的毛细孔中，并将基层可能留下来的少量灰尘等无机杂质，象填充料一样混入基层处理剂中，使之与基层牢固结合。

有些防水涂料，如油膏稀释涂料，其浸润性和渗透性强，可不刷基层处理剂，直接在基层上涂刷第一道涂料。

（5）特殊部位的增强处理

在大面涂布涂料前，先要按设计要求做好特殊部位附加增强层。即在细部节点(水落口、地漏、檐沟、女儿墙根部、天窗根部、立管周围、阴阳角、变形缝、施工缝、穿墙管、后浇带等)加铺有胎体增强材料的附加层。一般先涂刷一道涂料,随即铺贴事先剪好的胎体增强材料,用软刷反复刷匀、贴实不皱折,干燥后再涂刷一道防水涂料。水落口、地漏、管道四周与基层交接处应先用密封材料密封,再加铺有两层胎体增强材料的附加层,附加层涂膜伸入水落口、地漏杯的深度不少于50mm。在板端缝处,应设置缓冲层,以增加防水层参加拉伸的长度。缓冲层用宽200～300mm的聚乙烯薄膜空铺在板端缝上,为了不使薄膜被风刮起或位移,可用涂料临时点粘固定,塑料薄膜上增铺有胎体增强材料的空铺附加层。

(6)涂料的涂刷

涂料涂刷可采用棕刷、长柄刷、胶皮刷、圆辊刷等进行人工涂布,也可采用机械喷涂。

用刷子涂刷一般采用蘸刷法,也可边倒涂料边用刷子刷匀。涂布时应先涂立面,后涂平面,涂布立面最好采用蘸刷法,涂刷应均匀一致。涂刷时不能将气泡裹进涂层中,如遇气泡应立即消除。涂刷遍数必须按事先试验确定的遍数进行。涂料涂布应分条按顺序进行,分条进行时,每条宽度应与胎体增强材料宽度相一致,以避免操作人员踩踏刚涂好的涂层。每次涂布前,应严格检查前遍涂层有否缺陷,如气泡、露底、漏刷、胎体增强材料皱折、翘边、杂物混入等现象,如发现上述问题,应先进行修补再涂布后遍涂层。

应当注意,涂料涂布时,涂刷致密是保证质量的关键。刷基层处理剂时要用薄涂,涂刷后续涂料时则应按规定的涂层厚度(控制材料用量)均匀、仔细地涂刷。各道涂层之间的涂刷方向应相互垂直，以提高防水层的整体性和均匀性。涂层间的接茬，在每遍涂刷时应退茬 50～100mm，接茬时也应超过 50～100mm，避免在搭接处发生渗漏。

(7) 胎体增强材料的铺设

在涂料第二遍涂刷时，或第三遍涂刷前，即可加铺胎体增强材料。由于涂料与基层粘结力强，涂层又较薄，胎体增强材料不容易滑移，因此，胎体增强材料应尽量顺屋脊方向铺贴，以便施工，提高劳动效率。

胎体增强材料可采用湿铺法或干铺法铺贴。

湿铺法就是边倒料、边涂刷、边铺贴的操作方法。施工时，先在已干燥的涂层上，用刷子将涂料仔细刷匀，然后将成卷的胎体增强材料平放在屋面上，逐渐推滚铺贴于刚刷上涂料的屋面上，用滚刷滚压一遍，务必使全部布眼浸满涂料，使上下两层涂料能良好结合，确保其防水效果。

干铺法就是在上道涂层干燥后，边干铺胎体增强材料，边在已展开的表面上用橡皮刮板均匀满刮一道涂料。也可将胎体增强材料按要求在已干燥的涂层上展平后，先在边缘部位用涂料点粘固定，然后再在上面满刮一道涂料，使涂料浸入网眼渗透到已固化的涂膜上。由于干铺法施工时，上涂层是从胎体增强材料的网眼中渗透到已固化的涂膜上而形成整体，因此当渗透性较差的涂料与比较密实的胎体增强材料配套使用时不宜采用干铺法。

(8) 收头处理

为防止收头部位出现翘边现象，所有收头均应用密封材料压边，压边宽度不得小于 10mm。收头处的胎体增强材料应裁剪整齐，压入凹槽内，不得出现翘边、皱折、露白等现象。

3. 厚质涂料施工工艺

我国目前常用的厚质涂料有：石灰膏乳化沥青涂料、膨润土乳化沥青涂料、石棉乳化沥青涂料等。厚质涂料一般采用抹压法或刮涂法施工，主要以冷施工为主。厚质涂料的涂层厚度一般为 3～8mm，有纯涂层，也有铺衬一层胎体增强材料。

（1）施工准备

厚质涂料施工准备工作与薄质涂料基本相同，但应注意以下几点：

1）要准备足够数量的抹灰用抹子，用以抹平压光厚质涂料，如采用热塑型涂料，应准备加热设备。

2）厚质防水涂料使用前应特别注意搅拌均匀，因为厚质涂料内有较多的填充料，如搅拌不均匀，不仅刮涂困难，而且未搅匀的颗粒杂质残留在涂层中，将成为隐患。

3）厚质涂料涂层厚度控制采用预先在刮板上固定铁丝（或木条）或在屋面上做好标志的方法，铁丝（木条）高度就是所要求的每遍涂层刮涂的厚度，一般需刮涂 2～3 遍，总厚度为 4～8mm。

4）涂层间隔时间控制试验以涂层涂布后干燥并能上人操作为准。脚踩不粘脚、不下陷（或下陷能回弹）时即可进行上面一道涂层施工，一般干燥时间不少于 12h。

5）基层处理的原则与薄质涂料相同，但因为厚质涂料涂层较厚，特殊部位的水落口、天沟、檐口、泛水及板端缝处等部位常采用涂料增厚处理，即刮涂一层 2～3mm 厚的涂料，宽度视部位而定。基层处理剂常用稀释涂料，但有些渗透力强的涂料，可不涂刷基层处理剂。

（2）操作工艺

1）涂布　厚质涂料的涂布方法视涂料的流平性能而定。流平性能差的涂料常采用刮板刮平后抹压施工，流平性能好的涂料常采用刮板刮涂施工。

涂布时，一般先将涂料直接分散到基层上，用胶皮刮板来回刮涂，使它厚薄均匀一致，不露底、不存气泡、表面平整，然后待其干燥。流平性差的涂料刮平后待表面收水尚未结膜时，用铁抹子进行压实抹光。

每层涂料刮涂前，必须严格检查下涂层表面是否有气泡、皱折不平、凹坑、刮痕等弊病，如有上述情况应立即修补后，才能进行上涂层的施工。第二遍的刮涂方向应与上一遍相垂直。

立面部位涂层应在平面涂刮前进行，视涂料流平性能好坏而确定涂布次数。流平性好的涂料应薄而多次进行，否则会产生流坠现象，使上部涂层变薄，下部涂层变厚，影响防水性能。

2）胎体增强材料的铺设　由于厚质涂料涂层较厚，因此尽管其粘性较好，但在重力作用下，在大坡面上还是有向下坠的趋势。所以，胎体增强材料铺设方向与薄质涂料有些区别。屋面坡度小于 15°时，采用平行屋脊方向铺设胎体增强材料；屋脊坡度大于 15°时，胎体增强材料应垂直于屋脊方向铺设，铺设时应从最低处向上操作。胎体增强材料铺设可采取湿铺法或干铺法施工。

3）收头处理　收头部位胎体增强材料应裁齐，防水层应做在凹槽内，并用密封材料封压立面收头，待墙面抹灰时用水泥砂浆压封严密，勿露边。

4. 刚性防水屋面的伸缩缝处理

目前用于屋面刚性防水的密封材料可分为改性沥青密封材料、合成高分子密封材料和其他密封材料三大类。密封材料嵌填在伸缩缝（或分格缝）中，密封材料应与缝的底面尤其是缝壁的两侧粘结严密牢固，才能保证不渗漏。这就要求缝壁要平整、密实、干净、干燥，所以预留分格缝时，分格条表面要平整，并且下窄上宽，振捣或刮压砂浆时，分格条两侧要拍实。抽取分格条要在砂浆初凝并有一定强度时，及时取出分格条，取得过早或过晚都会损坏分格缝的完整。屋面密封防水的接缝宽度不应大于 40mm，且不应小于 10mm。

改性沥青密封材料防水施工当采用热灌法施工时，应由下向上进行，尽量减少接头。垂直于屋脊的板缝宜先浇灌，同时在纵横交叉处宜沿平行于屋脊的两侧板缝各延伸浇灌150mm，并留成斜槎。密封材料熬制及浇灌温度，应按不同材料要求严格控制。当采用冷嵌法施工时，应先将少量密封材料批刮在缝槽两侧，分次将密封材料嵌填在缝内，用力压嵌密实，并与缝壁粘结牢固。嵌填时，密封材料与缝壁不得留有空隙，并防止裹入空气，接头应采用斜槎。

合成高分子单组分密封材料可直接使用。多组分密封材料应根据规定的比例准确计量，拌合均匀。每次拌合量、拌合时间和拌合温度应按每种密封材料的不同要求严格控制。

密封材料可使用挤出枪或腻子刀嵌填，嵌填应饱满，防止形成气泡和孔洞。当采用挤出枪施工时，应根据接缝的宽度选用口径合适的挤出嘴，均匀挤出密封材料嵌填，并由底部逐渐充满整个接缝。一次嵌填或分次嵌填应根据密封材料的性质确定。密封材料嵌填后，应在表面干前用腻子刀进行修整。多组分密封材料拌合后应在规定的时间内用完；未混合的多组分密封材料和未用完的单组分密封材料应密封存放。

（三）隔热屋面防水施工

这里所说的隔热屋面是指：倒置式屋面、架空屋面、蓄水屋面和种植屋面四种。

1. 倒置式屋面

倒置式屋面就是把防水层放在保温层之下的一种方法，不需要做隔汽层。倒置式屋面由于将憎水性或吸水率低的保温材料设置在防水层的上面，与传统做法相比提高了防水层的耐久性，防止屋面结构内部结露，防水层不易受到损伤，施工工序少，降低了成本。倒置式屋面的施工方法如下：

（1）施工工序

施工准备→结构基层施工（含结构找坡或轻质材料找坡）→找平层施工→节点防水增强处理→防水层施工（涂膜＋卷材复合防水）→闭水试验（经过淋水、蓄水或下大雨）→验收合格→保温层施工→保护层（压埋层）施工→验收。

（2）结构层施工：防水层基层（找平层）应根据结构层的刚度情况设置分格缝，装配式钢筋混凝土结构层在板端设置，现浇板应在支承处设置。找平层现浇板尽量随捣随抹，找平层砂浆配比一般应不低于1∶2.5，若能在砂浆中掺加合成纤维则更好，以减少基层裂缝。找平层坡度应符合要求，最好用结构找坡，找平层一定要达到坚固、干净、平整、干燥的要求（水溶性防水涂料则对基层干燥度降低要求，但也须不积水，尽量干燥，以保证涂膜质量）。

（3）防水层施工：根据倒置式屋面对防水层的要求，一般应采用一道涂膜防水加一道卷材防水，或用一道厚质胶粘剂粘铺卷材，上再加一层卷材，以使防水层与基层完全粘结牢固，彻底封闭防水层，使防水层万一渗漏水也不会在防水层下面到处流淌（串水）。

节点防水是屋面防水的重点。檐沟、泛水、立面等保温层、保护层不能做的部位，直接暴露在大气中的面层应采用耐老化性能好的防水材料；水落口、出屋面管道、阴阳角等形状复杂的节点，宜采用密封材料、多道防水涂料进行密封处理，使节点部位形成连续、可靠的防水层（见图3-8）。

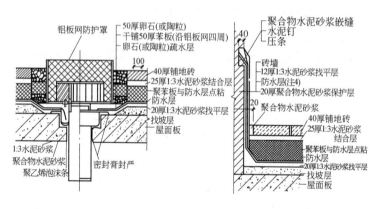

图 3-8　倒置式屋面女儿墙及水落口做法

节点防水增强处理要先用密封材料嵌填节点处缝隙，嵌填前应将缝隙垃圾、锈渍等清扫刷除干净，使密封材料将缝两侧和管壁等粘结牢固，完全密封，然后在其上再涂刷防水涂料，最外面再粘贴耐老化较好的卷材，以增强节点部位的防水耐久性。

（4）保温层施工：保温隔热层必须采用憎水性的、吸水

58

率小、施工方便的材料。聚苯乙烯泡沫塑料板、EPS防水保温板、憎水性珍珠岩板是目前常用的保温隔热材料。

保温层铺设应密实稳固，与防水层间不留空隙；铺设聚苯乙烯泡沫塑料板时，随刮胶粘剂随铺聚苯乙烯泡沫塑料板，板缝应尽量挤紧；铺完后应立即采用防水涂料和涤纶无纺布等进行一布二涂封缝，尽量减少雨水浸入保温层内，使保温层也能起到一道防水层的作用。

铺设EPS防水保温板，首先检查基层坡度，用1：2.5水泥砂浆修补原基层的不平处。铺砌时根据屋面的分水线，按自上而下的顺序逐块铺贴，板缝处均需满刮用FJ胶和水泥按1：(1.6～1.8)比例配置、充分拌合成浆状的胶粘剂(厚度3～5mm)，并使板与板之间尽量挤压紧密。遇到天沟处或女儿墙根部，留出50～100mm，在施工保护层时用保护层材料充填，以增加整体性。

(5)压埋层施工：压埋层必须对保温层起到有效的保护作用，压埋层可采用粒料、块体、水泥砂浆、细石混凝土、钢筋混凝土整浇层，也可以采用纤维毡，如有可能应尽量做成一道能防水的层次，以提高屋面的防水能力。

块体铺设分两种，一种是混凝土块体直接铺放于保温层上起压埋作用，雨水透过缝隙仍流到保温层、防水层上，故只能作为非上人屋面使用。另一种是坐浆铺砌，砂浆勾缝，这样，绝大部分雨水从块体上流走，只有少部分渗到保温层，块体较厚时可以作为上人屋面使用。如在砂浆中掺加抗裂外加剂或采用聚合物砂浆勾缝，间隔一定距离留设分格缝，嵌填密封材料，使压埋层可成为一道具有一定防水能力的层次。

水泥砂浆整体铺抹：在保温层上直接铺抹20mm以上的

水泥砂浆，砂浆中掺加抗裂外加剂，如膨胀剂、合成纤维等，间距 3m 左右设分格缝并嵌填密封材料，这样可以成为一道具有一定防水能力的构造层次，作为非上人屋面的压埋层。

细石混凝土、钢筋混凝土整浇层：保温层上浇筑细石混凝土压埋层，其厚度根据使用要求确定。构造分为配筋和不配筋两种，配筋的细石混凝土压埋层与刚性细石混凝土防水层做法基本相同；不配筋细石混凝土，宜采用小块分格，分格缝间距为（2～3）m×（2～3）m，缝宽 10～15mm，缝深 15～20mm，可用丙烯酸密封膏嵌填。使压埋层具有较好的防水能力，成为一道防水层次。

2. 架空屋面

架空屋面是在屋面防水层上架设隔热板，隔热板距屋面高度一般在 10～30cm，其间空气可以流通，从而有效地降低楼房顶层的室内温度。

隔热板一般用混凝土预制，其强度不应小于 C20，板内应放钢丝网片，板的尺寸应均匀一致，上表面应抹光。缺角少边的隔热板不得使用。

架空屋面施工时最主要的是保护好已完工的防水层。运输及堆放隔热板时要轻拿轻放。运输车不可装得太多，以免压坏防水层，铁撑角要套上橡胶套以免戳破防水层。

施工时先将屋面清扫干净，根据架空板的尺寸，弹出支座中心线。支座一般用 120mm×120mm 的砖，1：0.5：1.0 的水泥石灰膏砂浆或 M5 水泥砂浆砌筑，高度按设计要求，支座下面要垫上小块的油毡以保护防水层。

铺设架空板时，应将灰浆刮平。最上一层砖要坐上灰浆，将架空板架稳铺平，随时清扫落在防水层上的砂浆、杂物等，以保证架空隔热层气流畅通。

架空板缝宜用水泥砂浆嵌填，并按设计要求留变形缝。架空屋面不得作为上人屋面使用。

3. 蓄水屋面

蓄水屋面有较好的保温隔热效果，蓄水屋面施工时要注意以下几个问题：

（1）蓄水屋面上所有的孔洞都应预留，不得后凿。所设置的给水管、排水管和溢水管等应在防水层施工前安装完毕，管子周围应用 C25 以上的细石混凝土捣实。

（2）每个蓄水区的防水混凝土应一次浇筑完毕，不得留施工缝；立面与平面的防水层应同时做好。

（3）蓄水屋面的坡度一般 0.5%，蓄水深度除按设计另有要求外，一般最浅处 100～150mm。

（4）蓄水屋面可采用卷材防水、涂膜防水，也可用刚性防水，卷材和涂膜防水层上应做水泥砂浆保护层，以利于清洗屋面。涂膜不宜用水乳型防水涂料。

（5）蓄水屋面的刚性防水层完工后应及时蓄水养护。蓄水后不得长时间断水。

（6）冬季结冰的地区不宜做蓄水屋面。

4. 种植屋面

种植屋面的构造如图 3-9 所示。其中防水层最少做两道，其中上面一道为合成高分子卷材，下面一道可做卷材也可以做涂膜，如果做涂膜防水，不宜使用水乳型防水涂料，上下两道防水

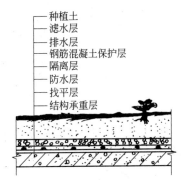

种植土
滤水层
排水层
钢筋混凝土保护层
隔离层
防水层
找平层
结构承重层

图 3-9　种植屋面构造示意图

层之间应满粘，使其成为一个整体防水层。下层防水如果用涂膜，伸缩缝部位要加 300mm 宽的隔离条。如果用卷材，可采用条粘。在防水层的上面铺一层较厚的塑料薄膜(≥0.2mm)作为隔离层和防生根层，塑料薄膜上面可根据设计用 1：2.5 水泥砂浆或 C20 的细石混凝土作保护层。

保护层完工后，应做蓄水试验，无渗漏即可进行种植部位的施工。屋面上如要安装藤架、座椅以及上水管、照明管线等，应在防水施工前完成，对这些部位应按前述的规定作加强处理，防水层的高度要做到铺设种植土的部位上面 100mm 处。其他烟囱口、排汽道等部位也同样处理。

在保护层上面即可按设计要求砌筑种植土挡墙，挡墙下部 150mm 内应留有孔洞，以保证下层种植土中水可以自由流动，遇暴雨时多余的雨水也可以排出(图 3-10)。

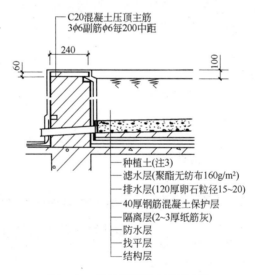

图 3-10　种植屋面挡土墙排水孔

种植屋面的排水层可用卵石或轻质陶粒。滤水层用 $120g/m^2 \sim 140g/m^2$ 的聚酯无纺布。

种植屋面应设浇灌系统，较小的屋面可将水管引上屋顶，人工浇灌，较大的屋面宜设微喷灌设备，有条件时，可设自动喷灌系统。不宜用滴灌，因无法观察下层种植土的含水量，不便于掌握灌水量。

喷灌系统的水管宜用铝塑管，不宜用镀锌管，后者易锈蚀。屋面种植荷花或养鱼时，要装设进水控制阀及溢水孔，以维持正常的水位。

（四）轻钢金属屋面施工

轻钢金属屋面一般都是坡屋面，似乎防排水问题容易解决，但事实并非如此，其影响防水工程质量的因素很多，如设计的屋面整体自防水能力，檩条间距的大小，螺钉垫圈，密封胶的选用和节点的构造，安装的标准和方法，施工人员的责任心和技术水平等，其中一个环节的差错或不慎，都会造成金属屋面的渗漏。防水施工作为其中最后也是最重要的一个环节，必须予以高度重视。

金属压型板屋面有许多配件和零部件，如屋脊板、屋脊托板、挡水板、封檐板、包角板、泛水板、导流板等，这些配件应由生产厂家按图纸配套供应。由于目前全国还没有一个统一的标准，不同厂家生产的配件不一定能通用，施工前应根据图纸及节点图清点配件的规格、型号、数量、并分别堆放。

金属压型板是在工程生产的定型产品，在运输及安装过程中必须按要求用专用吊具吊装，以免其损坏和变形。损坏及变形严重的压型板不得使用。

用于压型板安装的紧固件有自攻螺丝、拉铆钉、膨胀螺栓等，这些紧固件应选用专业厂生产的高质量的产品，以保证在屋面上使用时的耐久性。

螺钉的密封垫圈应选用乙丙橡胶（EPDM）制成的。

压型板屋面的纵横向搭接、收边、泛水板搭接、屋脊盖板搭接、天沟板搭接以及板的开孔等处，都必须使用密封胶密封。密封胶的种类很多，用于压型板屋面的密封胶要有极好的耐紫外线能力和抗高低温的能力，与钢板有极强的粘合力。压型板屋面的坡度一般为 $16\% \sim 20\%$，压型板长向搭接时，两块板均应伸至支撑构件上。单层板的搭接长度为：当屋面坡度 $<10\%$ 时，搭接 250mm；$\geqslant 10\%$ 时，搭接 200mm。夹芯板的搭接长度为：屋面坡度 $<10\%$ 时，搭接 300mm；$\geqslant 10\%$ 时，搭接 250mm。

搭接部位也可使用密封条密封，密封条是一种带隔离纸的自粘性软质聚氨酯胶条。使用时将压型板搭接处的表面用汽油擦净晾干，将密封条的隔离纸撕去，粘贴在搭接部位。

压型板的侧面搭接方向也应注意，夏季风力及雨量都较大，如侧面搭接方向不正确，雨水随风斜射就有可能从搭接部位渗入室内。施工时应注意侧面搭接方向，应按逆夏季主导风向的方向铺设压型板。

施工时紧固自攻螺丝用力要适度，用力过小，螺孔周围挤压不严；用力过大，又会使密封垫圈挤出过多或变形，这两种情况都会造成密封不严而漏雨，应以密封垫圈稍被挤出而又未变形为宜。

压型板屋面的天沟是最容易发生渗漏的部位，因屋面的雨水全部汇入天沟、再从水落管排走，下暴雨时，天沟容纳不下的雨水会从天沟边翻溢出来,"规范"中规定一根水落管的屋面最大泄水面积宜小于 200m²,各地应根据当地的气候条件、历年最大集中降雨量的气象资料计算并确定水落管的集水面积和天沟的尺寸,以保证下暴雨时不溢水。天沟宜采用 10mm 厚的镀锌钢板,水落管宜用 φ100 钢管与天沟底部焊接,钢板及钢管应做防锈处理。天沟的坡度以 2‰~3‰为宜,如不考虑天沟下部的外观,可直接用天沟支架找坡,如要求下部平直,可在天沟内用轻质材料如沥青珍珠岩找坡,找坡后再做防水处理。防水材料可用涂膜或卷材。

压型板的连接方式有扣盖式、自扣式或咬合式。不同型号的压型板其连接方式也稍有不同,施工时要根据生产厂家提供的图纸和节点详图进行安装。压型板屋面尽量避免开洞,必须开洞时,应靠近屋脊部位开,以利用屋脊板覆盖洞口上坡的泛水板水平缝,防止雨水渗漏。

轻钢金属屋面使用的材料除金属压型板外,比较常用的还有金属彩瓦。这种金属彩瓦是用彩色涂层的热镀锌钢板为基材,一次冲压成型,外形仿黏土平瓦,其色彩有多种可供选择。金属彩瓦屋面的配件有脊瓦、包角瓦、泛水板、导流板及变形缝盖板等。连接件有自攻螺丝、拉铆钉、膨胀螺栓等。其他配套材料有密封膏和密封垫圈,要求与压型板一样。

金属彩瓦屋面施工时其侧向搭接方向同样应考虑当地的夏季主导风向,金属彩瓦与挂瓦条的连接,在瓦与瓦的连接处应有两个(三、四弧瓦)或三个(五弧瓦)自攻螺丝与挂瓦条固定。

脊瓦、包角瓦、泛水板、变形缝盖板等配件之间的搭接宜背主导风向,搭接长度≥150mm,中间用拉铆钉与屋面瓦连接，拉铆钉中距≤500mm，拉铆钉要避开彩瓦波谷。自攻螺丝所配的乙丙橡胶垫及压盖必须齐全且防水可靠；拉铆钉外露钉头上应涂敷密封膏。

金属压条与墙身连接时，砖墙采用水泥钉，混凝土墙应采用射钉。

（五）屋面防水工程质量通病与防治

1. 屋面防水工程质量要求

（1）防水层不得有渗漏和积水现象。

（2）使用的材料质量应符合设计要求和标准的规定。

（3）防水层坡度应正确，排水系统通畅，满足当地最大雨量的排放。

（4）找平层应平整，不得有酥松、起砂、起皮现象。

（5）节点做法应符合设计要求，封固严密，不开裂。

（6）卷材铺贴方法和搭接顺序应符合要求，搭接宽度正确，接缝严密，不得有皱折、鼓泡和翘边现象。

（7）涂膜防水层厚度应符合设计要求，涂层不应有裂纹、皱折、流淌、鼓泡和露胎体现象。

（8）嵌缝密封材料应与两侧基层粘牢，密封部位光滑、平直、不开裂、不鼓泡、不下塌。

（9）刚性防水层厚度应符合设计要求，表面平整、压光（渗透结晶材料除外）、不起砂、不起皮和不开裂。分格缝位置正确，密封材料嵌填密实，粘结牢固，不开裂、不鼓泡、不下塌。

2. 卷材防水屋面常见质量问题与防治

卷材防水屋面常见质量通病有开裂、鼓泡、流淌、渗漏、破损、积水、防水层剥离等，其原因分析与防治方法见表 3-4。

卷材防水屋面常见质量问题与防治方法　　　　表 3-4

项次	项目	原因分析	防治方法
A	屋面开裂	1. 产生有规则横向裂缝主要是由于温差变形，使屋面结构层产生胀缩，引起板端角变造成的。这种裂缝多数发生在延伸率较低的沥青防水卷材中	(1) 在应力集中、基层变形较大的部位(如屋面板拼缝处等)，先干铺一层卷材条作为缓冲层，使卷材能适应基层伸缩的变化 (2) 在重要工程上，宜选用延伸率较大的高聚物改性沥青卷材或合成高分子防水卷材 (3) 选用合格的卷材，腐朽、变质者应剔除不用
		2. 产生不规则裂缝主要是由水泥砂浆找平层不规则开裂造成的；此时找平层的裂缝，与卷材开裂的位置与大小相对应；另外，如找平层分格缝位置不当或处理不好，也会卷材无规则裂缝	(1) 确保找平层的配比计量、搅拌、振捣或辊压、抹光与养护等工序的质量，而洒水养护的时间不宜少于 7d，并视水泥品种而定 (2) 找平层宜留分格缝，缝宽一般为 20mm，缝口设在预制板的拼缝处。当采用水泥砂浆或细石混凝土材料时，分格缝间距不宜大于 6m；采用沥青砂浆材料时，不宜大于 4m (3) 卷材铺贴与找平层的相隔时间宜控制在 7～10 天以上
		3. 外露单层的合成高分子防水卷材屋面中，如基层比较潮湿，且采用满粘法铺贴工艺或胶粘剂剥离强度过高时，在卷材搭接缝处也易产生断续裂缝	(1) 卷材铺贴时，基层应达到平整、清洁、干燥的质量要求。如基层干燥有困难时，宜采用排汽屋面技术措施。另外，与合成高分子防水卷材配套的胶粘剂的剥离强度不宜过高 (2) 卷材搭接缝宽度应符合屋面规范要求。卷材铺贴后，不得有粘结不牢或翘边等缺陷

项次	项目	原因分析	防 治 方 法
B	卷材鼓泡（起鼓）	1. 在卷材防水层中粘结不实的部位，窝有水分，当其受到太阳照射或人工热源影响后，内部体积膨胀，造成起鼓，形成大小不等的鼓泡。卷材起鼓一般在施工后不久产生，鼓泡由小到大逐渐发展，小的直径约数十毫米，大的可达 200～300mm。鼓泡内呈蜂窝状，内部有冷凝水珠	（1）找平层应平整、清洁、干燥，基层处理剂应涂刷均匀，这是防止卷材起鼓的主要技术措施 （2）原材料在运输和贮存过程中，应避免水分侵入，尤其要防止卷材受潮。卷材铺贴应先高后低，先远后近，分区段流水施工，并注意掌握天气预报，连续作业，一气呵成 （3）不得在雨天、大雾、大风天施工，防止基层受潮 （4）当屋面基层干燥有困难时，而又急需铺贴卷材时，可采用排汽屋面做法；但在外露单层的防水卷材中，则不宜采用
		2. 在卷材防水层施工中，由于铺贴时压实不紧，残留的空气未全部赶出而形成鼓泡	（1）沥青防水卷材施工前，应先将卷材表面清刷干净；铺贴卷材时，玛琋脂应涂刷均匀，并认真做好压实工作，以增强卷材与基层、卷材与卷材层之间的粘结力 （2）高聚物改性沥青防水卷材施工时，火焰加热要均匀、充分、适度；在铺贴时要趁热向前推滚，并用压辊滚压，排除卷材下面的残留空气
		3. 合成高分子防水卷材施工时，胶粘剂未充分干燥就急于铺贴卷材，由于溶剂残留在卷材内部，当其挥发时就可形成鼓泡	合成高分子防水卷材采用冷粘法铺贴，涂刷胶粘剂应做到均匀一致，待胶粘剂手感（指触）不粘结时，才能铺贴并压实卷材。特别要防止胶粘剂堆积过厚，干燥不足而造成卷材的起鼓

项次	项目	原因分析	防 治 方 法
C	屋面流淌	1. 多数发生在沥青防水卷材屋面上，主要原因是沥青玛瑞脂耐热度偏低。此时严重流淌的屋面，卷材大多折皱成团，垂直面卷材拉开脱空，卷材横向搭接有严重错动	(1) 沥青玛瑞脂的耐热度必须经过严格检验，其标号应按规范选用。垂直面用的耐热度还应提高5～10号 (2) 对于重要屋面防水工程，宜选用耐热性能较好的高聚物改性沥青防水卷材或合成高分子防水卷材 (3) 在沥青卷材防水屋面上，还可增加刚性保护层
		2. 卷材屋面施工时，沥青玛瑞脂铺贴过厚	每层沥青玛瑞脂厚度必须控制在1～1.5mm，确保卷材粘结牢固，长短边搭接宽度应符合规范要求
		3. 屋面坡度大于15%或屋面受震动时，沥青防水卷材错误采用平行屋脊方向铺贴；或采用垂直屋脊方向铺贴卷材，在半坡进行短边搭接	(1) 根据屋面坡度和有关条件，选择与卷材品种相适应的铺设方向，以及合理的卷材搭接方法 (2) 垂直面上，在铺贴完沥青防水卷材后，可铺筑细石混凝土作保护层，这对立铺卷材的流淌和滑坡有一定的阻止作用
D	山墙、女儿墙推裂与渗漏	1. 结构层与女儿墙、山墙间未留空隙或嵌填松软材料，屋面结构在高温季节曝晒时，屋面结构膨胀产生推力，致使女儿墙、山墙出现横向裂缝，并使女儿墙、山墙向外位移，从而出现渗漏	屋面结构层与女儿墙、山墙间应留出大于20mm的空隙，并用低强度等级砂浆填塞找平

项次	项目	原 因 分 析	防 治 方 法
D	山墙、女儿墙推裂与渗漏	2. 刚性防水层、刚性保护层、架空隔热板与女儿墙、山墙间未留空隙，受温度变形推裂女儿墙、山墙，并导致渗漏	刚性防水层与女儿墙、山墙间应留温度分格缝；刚性保护层和架空隔热板应距女儿墙、山墙至少50mm，或嵌填松散材料、密封材料
		3. 女儿墙、山墙的压顶如采用水泥砂浆抹面，由于温差和干缩变形，使压顶出现横向开裂，有时往往贯通，从而引起渗漏	为避免开裂，水泥砂浆找平层水灰比要小，并宜掺微膨胀剂；同时卷材收头可直接铺压在女儿墙的压顶下，而压顶应做防水处理
E	天沟漏水	1. 天沟纵向找坡太小（如小于5‰），甚至有倒坡现象（雨水斗高于天沟面）；天沟堵塞，排水不畅	天沟应按设计要求拉线找坡，纵向坡度不得小于5‰，在水落口周围直径500mm范围内不应小于5%，并应用防水涂料或密封材料涂封，其厚度不应小于2mm。水落口杯与基层接触处应留20mm×20mm凹槽，嵌填密封材料
		2. 水落口杯（短管）没有紧贴基层	水落口杯应比天沟周围低20mm，安放时应紧贴于基层上，便于上部做附加防水层
		3. 水落口四周卷材粘贴不密实，密封不严，或附加防水层标准太低	水落口杯与基层接触部位，除用密封材料封严外，还应按设计要求增加涂膜道数或卷材附加层数。施工后应及时加设雨水罩予以保护，防止建筑垃圾及树叶等杂物堵塞

项次	项目	原因分析	防 治 方 法
F	檐口檐头	檐口泛水处卷材与基层粘结不牢；檐口处收头密封不严	(1) 铺贴泛水处的卷材应采取满粘法工艺，确保卷材与基层粘结牢固。如基层潮湿又急需施工时，则宜用"喷火"法进行烘烤，及时将基层中多余潮气排除 (2) 檐口处卷材密封固定的方法有两种：一种为砖砌女儿墙，卷材收头可直接铺压在女儿墙的压顶下，压顶应做防水处理；也可在砖墙上留凹槽，卷材收头压入槽内固定密封，凹槽距基层最低高度不应小于250mm，同时凹槽的上部也应做防水处理；另一种是混凝土女儿墙，此时卷材收头可用金属压条钉压，并用密封材料封固
G	卷材破损	1. 基层清扫不干净，残留砂粒或小石子	卷材防水层施工前应进行多次清扫，铺贴卷材前还应检查有否残存砂、石粒屑，遇五级以上大风应停止施工，防止脚手架上或上一层建筑物上刮下的灰砂
		2. 施工人员穿硬底鞋或带铁钉的鞋子	施工人员必须穿软底鞋，无关人员不准在铺好的防水层上任意行走踩踏
		3. 在防水层上做保护层时，运输小车(手推车)直接将砂浆或混凝土材料倾倒在防水层上	在防水层上做保护层时，运输材料的手推车必须包裹柔软的橡胶或麻布；在倾倒砂浆或混凝土材料时，其运输通道上必须铺设垫板，以防损坏卷材防水层
		4. 架空隔热板屋面施工时，直接在防水层上砌筑砖墩，沥青防水卷材在高温时变形被上部重量压破	在沥青卷材防水层铺砌砖墩时，应在砖墩下加垫一方块卷材，并均匀铺砌砖墩，安装隔热板

项次	项目	原因分析	防 治 方 法
H	屋面积水	1. 屋面找坡不准，形成洼坑；水落口标高过高，雨水在天沟中无法排除	防水层施工前，对找平层坡度应作为主要项目进行检查，遇有低洼或坡度不足时，应经修补后，才可继续施工
		2. 大挑檐及中天沟反梁过水孔标高过高或过低，孔径过小，易堵塞造成长期积水	水落口标高必须考虑天沟排水坡度高差，周围加大的坡度尺寸和防水层施工后的厚度因素，施工时需经测量后确定，反梁过水孔标高亦应考虑排水坡度的高度，逐个实测确定
		3. 雨水口管径过小，水落口排水不畅造成堵塞	设计时应根据年最大雨量计算确定雨水口数量与管径，且排水距离不宜太长。同时应加强维修管理，经常清理垃圾及杂物，避免雨水口堵塞
I	防水层剥离	1. 找平层有起皮、起砂现象，施工前有灰尘和潮气	严格控制找平层表面质量，施工前应进行多次清扫，如有潮汽和水分，宜用"喷火"法进行烘烤
		2. 热玛瑞脂或自粘型卷材施工温度低，造成粘结不牢	适当提高热玛瑞脂的加热温度。对于自粘型卷材，可在施工前对基层适当烘烤，以利于卷材与基层的粘结
		3. 在屋面转角处，因卷材拉伸过紧，或因材料收缩，使防水层与基层剥离	在大坡面和立面施工时，卷材一定要采取满粘法工艺，必要时还可采取压条钉压固定；另外在铺贴卷材时，要注意用手持辊筒滚压，尤其在立面和交界处更应注意，否则极易造成渗漏

3. 屋面涂膜防水工程常见质量问题与防治

涂膜防水屋面常见质量通病有屋面渗漏、粘结不牢、防水层出现裂纹、脱皮、流淌、鼓泡等，保护层材料脱落以及防水层破损等，其原因分析与防治措施见表 3-5。

涂膜防水屋面常见质量问题与防治方法　　表 3-5

项次	项目	原因分析	防治方法
A	屋面渗漏	1. 屋面积水，屋面排水系统不畅	主要是设计问题。屋面应有合理的分水和排水措施，所有檐口、檐沟、天沟、水落口等应有一定排水坡度，并切实做到封口严密，排水通畅
		2. 设计涂层厚度不足，防水层结构不合理	应按屋面规范中防水等级选择涂料品种与防水层厚度，以及相适应的屋面构造与涂层结构
		3. 屋面基层结构变形较大，地基不均匀沉降引起防水层开裂	除提高屋面结构整体刚度外，在保温层上必须设置细石混凝土（配筋）刚性找平层，并宜与卷材防水层复合使用，形成多道防线
		4. 节点构造部位封固不严，有开缝、翘边现象	主要是施工原因。坚持涂嵌结合，并在操作中务必使基面清洁、干燥，涂刷仔细，密封严实，防止脱落
		5. 施工涂膜厚度不足，有露胎体、皱皮等情况	防水涂料应分层、分次涂布，胎体增强材料铺设时不宜拉伸过紧，但也不得过松，能使上下涂层粘结牢固为度
		6. 防水涂料含固量不足，有关物理性能达不到质量要求	在防水层施工前必须抽样检查，复验合格后才可施工
		7. 双组分涂料施工时，配合比与计量不正确	严格按厂家提供的配合比施工，并应充分搅拌，搅拌后的涂料应及时用完

73

项次	项目	原 因 分 析	防 治 方 法
B	粘结不牢	1. 基层表面不平整、不清洁，有起皮、起灰等现象	(1) 基层不平整如造成积水时，宜用涂料拌合水泥砂浆进行修补 (2) 凡有起皮、起灰等缺陷时，要及时用钢丝刷清除，并修补完好 (3) 防水层施工前，应及时将基层表面清扫，并洗刷干净
		2. 施工时基层过分潮湿	(1) 应通过简易试验确定基层是否干燥，并选择晴朗天气进行施工 (2) 可选择潮湿界面处理剂、基层处理剂等方法改善涂料与基层的粘结性能
		3. 涂料结膜不良	(1) 涂料变质或超过保管期限 (2) 涂料主剂及含固量不足 (3) 涂料搅拌不均匀，有颗粒、杂质残留在涂层中间 (4) 底层涂料未实干时，就进行后续涂层施工，使底层中水分或溶剂不能及时挥发，而双组分涂料则未能充分固化形成不了完整防水膜
		4. 涂料成膜厚度不足	应按设计厚度和规定的材料用量分层、分遍涂刷
		5. 防水涂料施工时突遇大雨	掌握天气预报，并备置防雨设施
		6. 突击施工，工序之间无必要的间歇时间	根据涂层厚度与当地气候条件，试验确定合理的工序间歇时间

项次	项目	原因分析	防 治 方 法
C	涂膜出现裂缝、脱皮、流淌、鼓泡、露胎体、皱折等缺陷	1. 基层刚度不足,抗变形能力差,找平层开裂	(1) 在保温层上必须设置细石混凝土(配筋)刚性找平层 (2) 提高屋面结构整体刚度,如在装配式板缝内确保灌缝密实,同时在找平层内应按规定留设温度分格缝 (3) 找平层裂缝如大于 0.3mm时,可先用密封材料嵌填密实,再用 10～20mm 宽的聚酯毡作隔离条,最后涂刮 2mm 厚涂料附加层 (4) 找平层裂缝如小于 0.3mm时,也可按上述方法进行处理,但涂料附加层厚度为 1mm
		2. 涂料施工时温度过高,或一次涂刷过厚,或在前遍涂料未实干前即涂刷后续涂料	(1) 涂料应分层、分遍进行施工,并按事先试验的材料用量与间隔时间进行涂布 (2) 若夏天气温在 30℃ 以上时,应尽量避免炎热的中午施工,最好安排在早晚(尤其是上半夜)温度较低的时刻操作
		3. 基层表面有砂粒、杂物,涂料中有沉淀物质	涂料施工前应将基层表面清除干净,沥青基涂料中如有沉淀物(沥青颗粒),可用 32 目铁丝网过滤
		4. 基层表面未充分干燥,或在湿度较大的气候下操作	可选择晴朗天气下操作,或可选用潮湿界面处理剂、基层处理剂等材料,抑制涂膜中鼓泡的形成
		5. 基层表面不平,涂膜厚度不足,胎体增强材料铺贴不平整	(1) 基层表面局部不平,可用涂料掺入水泥砂浆中先行修补平整,待干燥后即可施工 (2) 铺贴胎体增强材料时,要边倒涂料,边推铺、边压实平整。铺贴最后一层胎体增强材料后,面层至少应再涂刷两遍涂料 (3) 铺贴胎体增强材料时,应铺贴平整,松紧有度。同时在铺贴时,应先将布幅两边每隔 1.5～2.0m 间距各剪一个 15mm 的小口

项次	项目	原因分析	防 治 方 法
C	涂膜出现裂缝、脱皮、流淌、鼓泡、露胎体、皱折等缺陷	6. 涂膜流淌主要发生在耐热性较差的厚质涂料中	进场前应对原材料抽检复查，不符合质量要求的坚决不用，沥青基质厚质涂料及塑料油膏更应注意此类问题
D	保护材料脱落	保护层材料（如蛭石粉、云母片或细砂等）未经辊压，与涂料粘结不牢	（1）保护层材料颗粒不宜过粗，使用前应筛去杂质、泥块，必要时还应冲洗和烘干 （2）在涂刷面层涂料时，应随刷随撒保护材料，然后用表面包胶皮的铁辊轻轻辊压，使材料嵌入面层涂料中
E	防水层破损	涂膜防水层较薄，在施工时若保护不好，容易遭到破损	（1）坚持按程序施工，待屋面上其他工程全部完工后，再施工涂膜防水层 （2）当找平层强度不足或者有酥松、塌陷等现象时，应及时返工 （3）防水层施工后一周以内，严禁上人

四、地下工程防水施工

（一）施工前的准备

1. 图纸会审和施工方案

地下防水工程施工前，施工单位应对图纸进行会审，掌握工程主体及细部构造的防水技术要求。图纸会审是对图纸进行识读、领会掌握的过程，也是设计人员进行交底的过程。通过会审达到领会设计意图，掌握防水做法和质量要求的目的。

编制地下防水工程施工方案，它是地下工程防水施工的依据和质量的保证，能使施工在安全生产的前提下有条不紊地进行，取得质量、进度、效益的全面丰收。

2. 材料准备

材料包括防水材料和施工材料。防水材料包括主材和辅助材料等。主材和辅助材料均应有符合国家产品标准的合格证和性能检测报告，进场的防水材料都必须经见证复检合格，妥善保管；数量满足正常连续施工要求。施工用材料，例如喷灯用汽油也应准备充足，保证正常施工需要。

3. 机具和劳动防护用品的准备

根据防水材料种类和施工方法准备各种施工机具。根据施工环境和安全操作规程的要求，进行安全设施、劳动保护用品的准备，例如安全帽、安全带、安全网、灭火器、通风机、手套等的准备。

4. 人力的准备

施工操作人员按施工工艺组成作业班组，每个班组均应合理安排一定数量的初级工、中级工和高级工。参加施工的人员应持证上岗，所有人员均应进行过安全教育和技术交底。施工操作人员按作业面展开情况，一个工程可以安排一个班组施工或多个班组施工。

5. 对上道工序的质量验收

防水工程是建筑工程的一部分，防水施工是建立在其他分项工程基础上的施工，例如防水层的施工是铺贴或涂抹在基层(找平层)上的，基层必须合格，否则防水层很难合格。所以防水工程施工前必须对前一道工序进行验收，验收合格后方可施工。

（二）地下工程卷材防水

1. 防水卷材的种类和用途

防水卷材应选用高聚物改性沥青类或合成高分子类防水卷材。防水卷材应铺设在混凝土结构主体的迎水面上；卷材防水层用在建筑物地下室时，应铺设在结构主体底板垫层至墙体顶端的基面上，在外围形成封闭的防水层。

2. 对材料的要求

卷材外观质量品种和主要物理力学性能应符合现行国家标准或行业标准；卷材及其胶粘剂应具有良好的耐水性、耐久性、耐穿刺性、耐腐蚀性和耐菌性；胶粘剂应与粘贴的卷材材性相容，高聚物改性沥青卷材间的粘结剥离强度不应小于 8N/10mm，合成高分子卷材胶粘剂的粘结剥离强度不应小于 15N/10mm，浸水 168h 后的粘结剥离强度保持率不应小于 70%。

3. 卷材防水层施工

（1）卷材防水层的施工条件

1）卷材防水层的基面应平整牢固、清洁干燥。

2）铺贴卷材严禁在雨天、雪天施工；五级风及其以上时不得施工；冷粘法施工气温不宜低于 5℃，热熔法施工气温不宜低于 −10℃。

3）铺贴卷材前应在基面上涂刷基层处理剂，当基面较潮湿时，应涂刷湿固化型胶粘剂或潮湿界面隔离剂。基层处理剂应与卷材及胶粘剂的材性相容，基层处理剂可采用喷涂法或涂刷法施工，喷涂应均匀一致，不露底，待基层处理剂表面干燥后铺贴卷材。

（2）采用热熔法或冷粘法铺贴卷材时的基本要求

1）底板垫层混凝土平面部位的卷材宜采用空铺法或点粘法，其他与混凝土结构相接触的部位应采用满粘法；

2）采用热熔法施工高聚物改性沥青卷材时，幅宽内卷材底表面加热应均匀，不得过分加热或烧穿卷材。采用冷粘法施工合成高分子卷材时，必须采用与卷材材性相容的胶粘剂，并应涂刷均匀；

3）铺贴时应展平压实，卷材与基面和各层卷材间必须粘结紧密；

4）铺贴立面卷材防水层时，应采取防止卷材下滑的措施；

5）两幅卷材短边和长边的搭接宽度均不应小于 100mm。

采用合成树脂类的热塑性卷材时，搭接宽度宜为 50mm，并采用焊接方式施工，焊缝有效焊接宽度不应小于 30mm。采用双层卷材时，上下两层和相邻两幅卷材的接缝应错开 1/3～1/2 幅宽，且两层卷材不得相互垂直铺贴；

6) 卷材接缝必须粘贴封严，接缝口应用材性相容的密封材料封严，宽度不应小于 10mm；

7) 在立面与平面的转角处，卷材的接缝应留在平面上，距立面不应小于 600mm。

(3) 卷材防水层外防外贴法施工

外防外贴法是待钢筋混凝土外墙施工完成后，直接把卷材防水层粘贴在钢筋混凝土的外墙面上（即迎水面上），最后做卷材防水层的保护层的施工方法。卷材外防外贴法的施工顺序是：混凝土垫层施工→砌永久性保护墙→内墙面抹灰→刷基层处理剂→转角处附加层施工→铺贴平面和立面卷材→浇筑钢筋混凝土底板和墙体→拆除临时保护墙→外墙面找平层施工→涂刷基层处理剂→铺贴外墙面卷材→卷材保护层施工→基坑回填土。

外防外贴法铺贴防水卷材施工的基本要求：

1) 铺贴卷材应先铺平面，后铺立面，交接处应交叉搭接；

2) 临时性保护墙用石灰砂浆砌筑，内表面应用石灰砂浆做找平层，并刷石灰浆。如用模板代替临时性保护墙时，应在其上涂刷隔离剂；

3) 从底面折向立面的卷材与永久性保护墙的接触部位，应采用空铺法施工。与临时性保护墙或围护结构模板接触的部位，应临时贴附在该墙上或模板上，卷材铺好后，其顶端应临时固定；

4）当不设保护墙时，从底面折向立面的卷材的接槎部位应采取可靠的保护措施；

5）主体结构完成后，铺贴立面卷材时，应先将接槎部位的各层卷材揭开，并将其表面清理干净，如卷材有局部损伤，应及时进行修补。卷材接槎的搭接长度，高聚物改性沥青卷材为 150mm，合成高分子卷材为 100mm。当使用两层卷材时，卷材应错槎接缝，上层卷材应盖过下层卷材。

卷材的甩槎、接槎做法如图 4-1 所示。

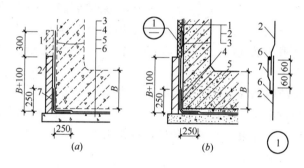

图 4-1 卷材防水层甩槎、接槎做法

(a)甩槎   (b)接槎

1—临时保护墙；2—永久保护墙；   1—结构墙体；2—卷材防水层；

3—细石混凝土保护层；4—卷材防水层；   3—卷材保护层；4—卷材加强层；

5—水泥砂浆找平层；6—混凝土垫层；   5—结构底板；6—密封材料；

7—卷材加强层   7—盖缝条

卷材防水层的保护层应符合下列规定：

1）顶板卷材防水层上的细石混凝土保护层厚度不应小于 70mm，防水层为单层卷材时，在防水层与保护层之间应设置隔离层；

2）底板卷材防水层上的细石混凝土保护层厚度不应小于 50mm；

3）侧墙卷材防水层宜采用软保护或铺抹 20mm 厚的 1：3 水泥砂浆。

（4）卷材防水层外防内贴法施工

当施工条件受到限制无法采用外防外贴法施工时，可采用外防内贴法施工。外防内贴法卷材防水层施工是在结构外墙施工前先砌永久性保护墙，将卷材防水层粘贴在保护墙上，再浇筑钢筋混凝土的施工方法。外防内贴法施工顺序如下：混凝土垫层施工→外墙保护墙施工→平立面找平层施工→涂刷平立面基层处理剂→加强层施工→铺贴平面和立面卷材→卷材保护层施工→钢筋混凝土结构层施工。

外防内贴法卷材防水层施工，主体结构保护墙内表面水泥砂浆找平层配合比宜为 1：3；卷材铺贴先铺立面后铺平面，铺贴立面时，先铺转角处，后铺大面。卷材防水层铺贴后应及时做保护层。

（5）当铺贴卷材防水层的基面潮湿时，应涂刷湿固化型胶粘剂或潮湿界面隔离剂。平面卷材铺贴可以采用满粘法、条粘法、点粘法和空铺法；侧墙卷材防水层必须采取满粘法，卷材与基层、保护层与卷材的粘结应牢固。

4. 质量要求

卷材防水层的施工质量按铺贴面积每 100m² 抽查 1 处，每处 10m²，且不得少于 3 处检查；搭接缝应粘（焊）结牢固，密封严密，不得有皱折、翘边和鼓泡等缺陷；转角处、变形缝、穿墙管道等细部做法符合设计要求。

（三）地下工程涂膜防水

1. 防水涂料的种类和用途

防水涂料分为无机防水涂料和有机防水涂料两大类。无机防水涂料包括水泥基防水涂料、水泥基渗透结晶型涂料，主要用于结构主体的背水面防水；有机防水涂料包括反应型、水乳型、聚合物水泥防水涂料，主要用于结构主体的迎水面防水。

2. 对材料的要求

涂料防水层所选用的涂料应具有良好的耐水性、耐久性、耐腐蚀性和耐菌性，无毒、难燃、低污染；无机涂料应具有良好的湿干粘结性、耐磨性和抗刺穿性，有机防水涂料应具有较好的延伸性及较大适应基层变形能力。

3. 涂料防水层施工

（1）施工前准备

涂料防水层涂（喷）刷于基面上，对基面的要求更严格一些。基层表面的气孔、凹凸不平、蜂窝、缝隙、起砂等缺陷应修补，基面必须干净，无浮浆，无水珠，不渗水；阴阳角做成圆弧形，阴角直径宜大于 50mm，阳角直径宜大于 10mm；阴阳角、预埋件、穿墙管等部位应密封或加强处理完毕。

（2）涂料防水层施工

其基本要点是：涂料的配制与施工必须严格按涂料的技术要求进行，涂料防水层的总厚度应符合设计或表 4-1 的要求；涂料防水层涂刷或喷涂时，应薄涂多遍完成，待前一遍涂料实干后再进行后一遍涂料的施工；每遍涂刷时应交替改变涂层的涂刷方向，同层涂膜的先后搭槎宽度宜为 30～50mm，涂层必须均匀，不得漏刷漏涂；施工缝的搭接宽度不应小于 100mm；铺贴胎体增强材料时，涂料防水层中铺贴的胎体增强材料，同层相邻的搭接宽度应大于 100mm，上下层接缝应错开 1/3 幅宽，应使胎体层充分浸透防水涂料，不得有白槎及褶皱。

防水涂料厚度（mm）　　　　　　　　表 4-1

防水等级	设防道数	有机涂料			无机涂料	
		反应型	水乳型	聚合物水泥	水泥基	水泥基渗透结晶型
1级	三道或三道以上设防	1.2～2.0	1.2～1.5	1.5～2.0	1.5～2.0	≥0.8
2级	二道设防	1.2～2.0	1.2～1.5	1.5～2.0	1.5～2.0	≥0.8
3级	一道设防	—	—	≥2.0	≥2.0	—
	复合设防	—	—	≥1.5	≥1.5	—

保护层的施工。有机防水涂料施工后，应及时做好保护层，底板、顶板处的保护层应采用 20mm 厚 1∶2.5 水泥砂浆层或 40～50mm 厚的细石混凝土保护，顶板防水层与保护层之间宜设隔离层；侧墙背水面应采用 20mm 厚 1∶2.5 水泥砂浆保护，侧墙迎水面宜选用 5～6mm 厚的聚苯乙烯泡沫塑料片材、40mm 厚聚苯乙烯泡沫塑料板等软保护层或 20mm 厚 1∶2.5 水泥砂浆层保护，然后回填。

4. 质量要求

涂料防水层的施工质量检验数量，应按涂层面积每 100m² 抽查 1 处，每处 10m²，且不得少于 3 处检查；要求涂料防水层与基层粘结牢固，表面平整，涂刷均匀，不得有流淌、皱折、鼓泡、露胎体和翘边等质量缺陷；防水层的平均厚度应符合要求，最小厚度不得小于设计厚度的80%；侧墙防水层的保护层与防水层粘结牢固，结合紧密，厚度均匀一致。涂料防水层及其转角处、变形缝、穿墙管道等细部做法符合设计要求。

（四）塑料防水板防水层施工

1. 塑料防水板的种类和用途

塑料防水板的种类有乙烯—醋酸乙烯共聚物（EVA）、乙烯—共聚物沥青（ECB）、聚氯乙烯（PVC）、高密度聚乙烯（HDPE）、低密度聚乙烯（LDPE）及其他塑料防水板，幅宽2～4m，厚度1～2mm，其物理力学性能见表4-2。用于初期支护与二次衬砌间的结构防水。

塑料防水板物理力学性能　　　　表4-2

项目	拉伸强度（MPa）	断裂延伸率（%）	热处理时变化率（%）	低温弯折性	抗渗性
指标	≥12	≥200	≤2.5	－20℃无裂纹	0.2MPa 24h不透水

缓冲层选用导水性、化学稳定性、耐久性好和耐侵蚀的土工布，其单位面积质量不宜小于$280g/m^2$，并且有一定厚度。

2. 塑料防水板防水层施工

（1）铺设防水板的基层应平整、无尖锐物。基层平整度应不大于$D/L=1/6～1/10$，其中D为初期支护基层相邻两凸面间凹进去的深度，L为初期支护基层相邻两凸面间的距离。

（2）防水板的铺设应超前内衬混凝土施工 5～20m，并设临时挡板防止损伤塑料防水板。

（3）铺设防水板前应先铺缓冲层，并用暗钉圈固定在基层上，如图 4-2 所示。

（4）铺设防水板时，由拱顶中心向两侧铺设，边铺边将其与暗钉圈焊接牢固。两幅防水板的搭接宽度应为 100mm，搭接缝应为双焊缝，单条焊缝的有效焊接宽度不应小于 10mm，焊接严密，不得焊焦焊穿。环向铺设时，先拱后墙，下部防水板应压住上部防水板。

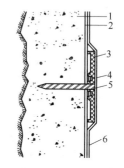

图 4-2　暗钉圈固定缓冲层
1—初期支护；2—缓冲层；
3—热塑性圆垫圈；4—金属
垫圈；5—射钉；6—防水板

（5）内衬混凝土施工时振捣棒不得直接接触防水板，浇筑拱顶时应防止防水板绷紧。

3. 质量要求

塑料防水层的施工质量检验，按铺设面积每 100m^2 抽查 1 处，每处 10m^2，且不得少于 3 处；塑料板的铺设应平顺，与基层固定牢固，不得有下垂、绷紧和破损现象。焊缝的检验应按焊缝数量抽查 5%，每条焊缝为 1 处，但不少于 3 处。采用向双焊缝间空腔内充气的方法检查，不得有泄露。

（五）地下工程渗漏水治理

1. 渗漏水治理原则

（1）查明渗漏水情况。除去地下工程的表面装饰，清除污物查出渗漏部位，确定渗漏形式、渗漏水量和水压。

（2）根据渗漏部位、渗漏形式、水量大小以及是否有水压，确定治理方案。

（3）先排水后治理渗漏水。原则是"堵排结合，因地制宜，刚柔相济，综合治理"。

（4）渗漏水治理施工时，应先顶（拱）后墙而后底板的顺序进行，尽量少破坏原有完好的防水层。

（5）科学合理的选材。治理过程中科学选择防水材料，尽量选用无毒、低污染的材料。衬砌内注浆宜选用超细水泥浆液、环氧树脂、聚氨酯等化学浆液。防水抹面材料宜选用掺各种外加剂、防水剂、聚合物乳液的水泥净浆、水泥砂浆、特种水泥砂浆等。防水涂料宜选用水泥基渗透结晶型类、聚氨酯类、硅橡胶类、水泥基类、聚合物水泥类、改性环氧树脂类、丙烯酸酯类、乙烯—醋酸乙烯共聚物类（EVA）等涂料。

（6）对于结构仍在变形、未稳定的渗漏水，需待结构稳定后再行处理。

2. 大面积的渗漏水和漏水点的治理

（1）漏水点的查找

漏水量较大或比较明显的部位，可直接观察确定。慢渗或不明显的渗漏水，可将潮湿表面擦干，均匀撒一层干水泥粉，出现湿痕处即为渗水孔眼或缝隙。对于大面积慢渗，可用速凝胶浆在漏水处表面均匀涂一薄层，再撒一层干水泥粉，表面出现湿点或湿线处即为渗漏水位置。

（2）治理方法

大面积的一般渗漏水和漏水点是指漏水不十分明显，只有湿迹和少量滴水的渗漏，其治理方法一般是采用速凝材料直接封堵，也可对漏水点注浆堵漏，然后做防水砂浆抹面或涂抹柔性防水材料、水泥基渗透结晶型防水涂料等。当采用涂料防水时防水层表面要采取保护措施。大面积严重渗漏水一般采用综合治理的方法，即刚柔结合多道防线。首先疏通漏水孔洞，引水泄压，在分散低压力渗水基面上涂抹速凝防水材料，然后涂抹刚柔性防水材料，最后封堵引水孔洞，并根据工程结构破坏程度和需要采用贴壁混凝土衬砌加强处理。其处理顺序是：大漏引水→小漏止水→涂抹快凝止水材料→柔性防水→刚性防水→注浆堵水→必要时贴壁混凝土衬砌加强。

3. 孔洞渗漏水治理

水压和孔洞较小时，可直接采用速凝材料堵塞法治理。方法是：将漏点剔凿成直径 10～30mm，深 20～50mm 的小洞，洞壁与基面垂直，用水冲洗干净。洞壁涂混凝土界面剂后，将开始凝固的水泥胶浆塞入洞内（低于基面 10mm），挤压密实，然后在其表面涂刷素水泥浆和砂浆各一层并扫毛，再做水泥砂浆保护层。

当孔洞较大时，可用"大洞变小洞，再堵小洞"的办法治理。方法是：将漏水孔洞剔凿扩大至混凝土密实、孔壁平整并垂直基面，用水冲洗干净，将待凝固的水泥胶浆包裹一根胶管一同填塞入孔洞中，挤压密实，使洞壁处不再漏水，待胶浆有一定强度后将管子抽出，按照堵小洞的办法将管孔堵住，即可将较大的漏水洞堵住。

当水压较大时，可先用木楔塞紧然后再填塞水泥胶浆的方法治理。

4. 裂缝渗漏水的治理

裂缝渗漏水一般根据漏水量和水压力来采取堵漏措施。

水压较小的裂缝渗漏水治理方法是用速凝材料直接堵漏。方法是：沿裂缝剔凿出深度不小于 30mm、宽度不小于 15mm 的沟槽，用水冲刷干净后，用水泥胶浆等速凝材料填塞，并略低于基面，挤压密实，经检查不再渗漏后，用素浆、砂浆沿沟槽抹平、扫毛，最后用掺外加剂的水泥砂浆做防水层。

对于水压和渗水量都较大的裂缝常采用注浆方法处理。注浆材料有环氧树脂、聚氨酯等，也可采用超细水泥浆液。具体做法是：

（1）沿裂缝剔凿成 V 形沟槽，用水冲刷，清理干净；

（2）布置注浆孔：注浆孔选择在裂缝的低端，漏水旺盛处或裂缝交叉处，间距视注浆材料和注浆压力而定，一般 500～1000mm 设一注浆孔，将注浆嘴用速凝材料固定在注浆位置上；

（3）封闭漏水部位，即将混凝土裂缝表面及注浆嘴周边用速凝材料封闭；

（4）灌注浆液：确定注浆压力后（注浆压力应大于水压），开动注浆泵，浆液将沿裂缝通道到达裂缝的各处。当浆液注满裂缝并从高处注浆嘴流出时，停止灌浆；

（5）封孔：注浆完毕，经检查无渗漏现象后，剔除注浆嘴，堵塞注浆孔，用防水砂浆做防水面层。

5. 细部构造渗漏水的治理

（1）施工缝、变形缝渗漏水处理：一般采用综合治理的措施，即注浆防水与嵌缝和抹面保护相结合，具体做法是将变形缝内的原嵌填材料清除，深度约 100mm，施工缝沿缝凿槽，清洗干净，漏水较大部位埋设引水管，把缝内主要漏水引出缝外，对其余较小的渗漏水用快凝材料封堵，然后嵌填密封防水材料，并抹水泥砂浆保护层或压上保护钢板，待这些工序做完后，注浆堵水。

（2）穿墙管与预埋件的渗水处理：将穿墙管或预埋件四周的混凝土凿开，找出最大漏水点后，用快凝胶浆或注浆的方法堵水，然后涂刷防水涂料或嵌填密封防水材料，最后用掺外加剂水泥砂浆或聚合物水泥砂浆进行表面保护。

五、厕浴间防水工程施工

厕浴间的渗漏是目前较为普遍的问题。造成厕浴间渗漏的原因有以下几个方面：

1. 设计方面

设计方面主要有选材不当，涂膜厚度不够，设防不到位，及节点部位处理不合理。

厕浴间一般面积都不大，又要安装各种卫生洁具，同时暖气管、热水管、燃气管等都从厕浴间内通过，而且都集中在墙角部位。在这样的情况下，单纯用卷材不可能把防水做好。有些设计单位还继续将厕浴间防水设计为两毡三油，甚至一毡两油。施工单位在做这样的防水工程时，因管子多的部位上面无法铺油毡，只能在其上面浇上一层热沥青，这样做也可能当时不漏，甚至做蓄水试验也合格，但过一个冬天，沥青冷脆后，必然发生渗漏，应明确规定厕浴间必须使用涂膜防水；较大面积的厕浴间使用卷材防水时，在节点及复杂部位也必须用涂膜做防水。

有些施工图中虽然设计了用涂膜做厕浴间的防水，但只是注明用某种防水涂料几布几涂，如一布四涂、两布六涂等，没有具体要求成膜后的厚度。涂膜防水的缺点之一是不容易做到涂刷均匀，而且各种防水涂料的固含量又不一样，仅仅要求几布几涂，给厕浴间的防水会造成很大的隐患。所以应该明确防水层的厚度（成膜厚度），以确保防水质量和耐久性。聚氨酯类防水涂料应不小于 2mm，改性沥青防水涂料不应小于 2.5mm。

设计中选材不当的还有用乳化沥青做厕浴间的防水材料。乳化沥青是沥青、乳化剂与水的悬浮液，当水蒸发后，沥青乳化剂形成防水膜，但有些乳化剂如膨润土、石灰乳、石棉等长期在水的浸泡下，会使涂膜再乳化，这时涂膜将失去防水功能并被水冲走。所以这类乳化沥青不宜做厕浴间的防水材料。

与此相似的还有丙烯酸防水涂料，有些丙烯酸防水涂料在固化后遇水长期浸泡，也会丧失防水功能，目前使用的 JS 防水涂料有些就是丙烯酸类防水涂料加粉状防水材料拌合而成。

目前用于厕浴间比较合适的防水涂料应该是聚氨酯及高聚物改性沥青防水涂料，聚合物水泥防水涂料"堵漏灵"等防水材料。

设防高度一般要求防水层做到距地面 250mm 的高度，浴缸上沿 500mm 的高度以及淋浴时做 1500m 高等。实践证明有淋浴设备的厕浴间防水层高度要做到 1.8m 以上，才能有效防止墙面渗漏。

节点部位处理不合理在平面布置方面，有的地方管道太密，离墙太近，几乎没有施工的空间，即使使用防水涂料，刷子都塞不进去，难以保证防水施工的质量。而施工图中只表示了管道大概的位置并不标注具体尺寸，管道安装时就可能造成离墙太近影响了防水施工。

平面布置方面还有一个经常出现的问题是地漏的位置。安装下水管时为了美观和安装方便，往往将地漏与浴缸下水连在一起距墙较近又夹在坐便器与浴缸之间，造成整个厕浴间向一个方向排水，地漏如果堵塞也很难疏通。建议尽可能将地漏安放在厕浴间的中间或比较开阔的位置,厕浴间的存水从四周向中间汇流,排水坡度容易得到保证而且便于疏通。从剖面图的标高方面有些厕浴间的设计没有做到"防排结合"。现在的施工图及标准中,只是标明地漏的上口比地面低多少,其实厕浴间的防水层并不在地砖表面。一般情况下,是在结构层上做找平层后即做防水层。防水层与地砖表面因洁具及坡度的不同还有不小的距离。如用蹲便器,甚至还要垫高200mm才铺贴地砖,这样表面渗下去的水将在防水层上积聚,日积月累,对防水很不利。在新建住宅时要考虑这一点,将地漏口降低到与防水层同一平面,地漏盖可升高与地砖面平齐。旧的卫生间翻修时,改变地漏的高度比较困难,解决的办法是用电钻在地漏管的周围打几个孔,使积聚的水能从孔中排入下水道。

2. 材料方面

主要是在市场上假冒伪劣防水材料很多,防水涂料应在进场后进行抽检(表 5-1)。

现场复检防水涂料技术指标 表 5-1

项目	高聚物改性沥青防水涂料	合成高分子防水涂料	
		Ⅰ类(反应固化型)	Ⅱ类(挥发固化型)
延伸率	(20±2)℃拉伸 4.5mm	断裂延伸率≥350%	断裂延伸率≥300%
固体含量	≥43%	≥94%	≥65%
柔性	−10℃,3mm 厚、绕 φ20 圆棒,无裂纹	−30℃弯折无裂纹	−20℃弯折无裂纹
不透水性	压力≥0.1MPa 保持时间 30min 不渗透	压力≥0.3MPa,保持时间≥30min 不渗透	

用于厕浴间的防水材料常用的还有密封膏。在许多标准

图中的节点部位都要求用密封膏，比如地漏口、套管周围、浴缸与墙的连接处等。选用时应根据建筑物的等级，防水工程造价，对外观和颜色的要求等合理选用。在施工中密封膏往往被忽略使用，这就给今后造成渗漏的隐患。

3. 施工方面

因施工原因造成厕浴间渗漏的主要因素有涂膜涂刷的不均匀，用量太少防水膜太薄，节点部位没有处理好，基层含水率太高造成防水层起鼓脱落，以及成品保护不到位、后道工序将防水层损坏等等原因。

（一）施工前的准备

1. 厕浴间地面构造

（1）结构层：厕浴间地面结构层宜采用整体现浇钢筋混凝土板或预制整块开间钢筋混凝土板。若采用预制空心板时，则板缝应用防水砂浆堵严，表面 20mm 深处宜嵌填沥青基密封材料；也可在板缝嵌填防水砂浆并抹平表面后，附加涂膜防水层，即铺贴 100mm 宽玻璃纤维布一层，涂刷两道沥青基涂膜防水层，其厚度不小于 2mm。

（2）找坡层：地面应坡向地漏方向，地漏口标高应低于地面标高不小于 20mm，其排水坡度应为 2%，找坡层厚度小于 30mm 时，可用水泥混合砂浆（水泥：白灰：砂＝1：1.5：8）；厚度大于 30mm 时，宜用 1：6 水泥炉渣材料（炉渣粒径宜为 5～20mm，要严格过筛）。

（3）找平层：一般为 1：2.5 的水泥砂浆找平层，要求抹平、压光。

（4）防水层：地面防水层一般采用涂膜防水涂料。热水

94

管、暖气管应加套管，套管应高出基层 20~40mm，并在做防水层前于套管处用密封材料嵌严。管道根部应用水泥砂浆或豆石混凝土填实，并用密封材料嵌严实，管道根部应高出地面 20mm。

（5）面层：地面装饰层可采用 1：2.5 的水泥砂浆抹面，要抹平、压光，或根据设计要求做地面砖等。

厕浴间墙面防水可根据设计要求及隔墙材料考虑。

2. 对基层的要求

（1）防水层施工前，所有管件、地漏等必须安装牢固、接缝严密。上水管、热水管、暖气管必须加套管，套管应高出地砖面。

（2）地面坡度为 2%，向地漏处排水；地漏处的排水坡度，以地漏周围半径 50mm 之内排水坡度为 5%，地漏处一般低于地面 20mm。

（3）水泥砂浆找平层应平整、坚实、抹光，无麻面、起砂松动及凹凸不平现象。

（4）阴阳角、管道根部处应抹成半径为 100~150mm 的圆弧形。

（5）穿地面的立管套管周围，应检查是否用水泥砂浆（缝隙较小时）或细石混凝土（缝隙较大时）填实。检查的方法是用錾子凿管子周围与楼板结合处，不应有空洞及松动处。

3. 施工注意事项

（1）自然光线较差的厕浴间，应准备足够的照明。通风较差时，应增设通风设备。

（2）防水涂料的溶剂和稀释剂都是易燃烧和易挥发的物资，施工现场要严禁吸烟和动火，并准备好灭火器材以防万一。

（3）不同的防水涂料最佳施工气温及最低施工温度不同，水乳型防水涂料应在20℃以上的气温下施工，最佳施工气温28～30℃，低于10℃时固化慢而且成膜不好。聚氨酯及溶剂型防水涂料可在－10℃及－5℃的气温时施工，但气温越低，固化所需的时间就越长。

（4）材料进场复检：防水涂料进场时应有产品合格证及产品检验报告，并按要求抽样进行复检，复检项目为：固体含量、抗拉强度、延伸率、不透水性、低温柔性、耐高温性能以及涂膜干燥时间等。这些复检项目均应符合国家标准及有关规定的技术性能指标。

（二）厕浴间的防水施工

厕浴间涂膜防水以聚氨酯防水涂料、氯丁胶乳沥青防水涂料（或SBS改性沥青防水涂料）使用的较多，施工方法如下：

1. 聚氨酯防水涂料施工工艺

（1）操作顺序

清理基层→涂刷基层处理剂→节点涂刷防水涂料并增设附加层→刮涂第一遍涂料→刮涂第二遍涂料→刮涂第三遍涂料（达到厚度要求，并验收）→第一次蓄水试验→稀撒砂粒→质量验收→保护层施工（装修面层施工完毕）→第二次蓄水试验（卫生洁具、装饰面完成后，由装修人员负责蓄水）→质量验收

（2）操作要点

1）清理基层。将基层清扫干净；基层应做到找坡正确，排水顺畅，表面平整、坚实，无起灰、起砂、起壳及开裂等

现象。涂刷基层处理剂前，基层表面应达到干燥状态。

2）涂刷基层处理剂。基层处理剂为低黏度聚氨酯，可以起到隔离基层潮气，提高涂膜与基层粘结强度的作用。施涂前，将聚氨酯涂料先在阴阳角、管道根部均匀涂刷一遍，然后进行大面积涂刷。涂刷后应干燥 4h 以上，才能进行下道工序的施工。

3）涂刷附加层防水涂料。在地漏、阴阳角、管子根部等容易渗漏的部位，均匀涂刷一遍防水涂料并增加附加层。地漏处防水附加层应卷入地漏，确保地漏与基层的密闭性。

4）涂刷第一遍涂料。将聚氨酯用胶皮刮板均匀涂刷一遍，操作时要尽量保持厚薄一致，用料量为 $0.4\sim0.6kg/m^2$，立面涂刮高度不应小于 150mm。

5）涂刮第二遍涂料。待第一遍涂料固化干燥后，要按上述方法涂刷第二遍涂料，涂刮方向应与第一遍相垂直，用料量与第一遍相同。

6）涂刮第三遍涂料。待第二遍涂料涂膜固化后，再按上述方法涂刷第三遍涂料，用料量为 $0.4\sim0.5kg/m^2$。

7）第一次蓄水试验。待防水层完全干燥后，可进行第一次蓄水试验。蓄水试验 24h 后无渗漏时为合格。

8）稀撒砂粒。为了增加防水涂膜与粘结饰面层之间的粘结力，在防水层表面需边涂聚氨酯防水涂料，边稀撒砂粒（砂粒不得有棱角）。砂粒粘结固化后，即可进行保护层施工。未粘结的砂粒应清扫回收。

9）保护层施工。防水层蓄水试验不漏，质量检验合格后，即可进行保护层施工或粘铺地面砖、陶瓷锦砖等饰面层。施工时应注意成品保护，不得破坏防水层。

10）第二次蓄水试验。厕浴间装饰工程全部完成后，工程竣工前还要进行第二次蓄水试验，以检验防水层完工后是否被水电或其他装饰工程损坏。蓄水试验合格后，厕浴间的防水施工才算圆满完成。

2. 氯丁胶乳沥青防水涂料施工工艺（以二布六涂为例）

（1）操作顺序

清理基层→刮氯丁胶乳沥青水泥腻子→涂刷第一遍涂料（表干 4h）做细部构造附加层→铺贴玻纤网格布同时涂刷第二遍涂料→涂刷第三遍涂料→铺贴玻纤网格布同时涂刷第四遍涂料→涂刷第五遍涂料→涂刷第六遍涂料并及时撒砂粒→蓄水试验→保护层、饰面层施工→质量验收→第二次蓄水试验→防水层验收

（2）操作要点

1）清理基层。厕浴间防水施工前，应将基层浮浆、杂物、灰尘等清理干净。

2）刮氯丁胶乳沥青水泥腻子。在清理干净的基层上满刮一遍氯丁胶乳沥青水泥腻子。管道根部和转角处要厚刮并抹平整。腻子的配制方法是：将氯丁胶乳沥青防水涂料倒入水泥中，边倒边搅拌至稠浆状即可刮涂于基层，腻子厚度约2～3mm。

3）涂刷第一遍涂料。待上述腻子干燥后，满刷一遍防水涂料，涂刷不能过厚，不得刷漏，以表面均匀不流淌、不堆积为宜。立面刷至设计高度。

4）做细部构造附加层。在阴阳角、地漏、坐便器蹲坑等细部构造处，应分别附加一布二涂附加防水层，其宽度不小于 250mm。地漏做法同聚氨酯涂料。

5）铺贴玻纤网格布同时涂刷第二遍涂料。附加防水层做完并干燥后，就可大面铺贴玻纤网格布同时涂刷第二遍防

水涂料。此时先将玻纤网格布剪成相应尺寸铺贴于基层上，然后在上面涂刷防水涂料，使涂料浸透布纹渗入基层中。玻纤网格布搭接宽度不宜小于 100mm，并顺水接槎。玻纤网格布立面应贴至设计高度，平面与立面的搭接缝应留在平面处，距立面边宜大于 200mm，收口处要压实贴牢。

6）涂刷第三遍涂料。待上遍涂料实干后（一般宜 24h 以上），再满刷第三遍涂料，涂刷要均匀。

7）铺贴玻纤网格布刷第四遍涂料。在上述涂料表干后（4h），铺贴第二层玻纤网格布同时满刷第四遍涂料。第二层玻纤网格布与第一层玻纤网格布接槎要错开，涂刷防水涂料时应均匀，将布展平无折皱。

8）待上述涂层实干后，满刷第五遍、第六遍防水涂料。

9）待整个防水层实干后，可做蓄水试验，蓄水时间不少于 24h，无渗漏为合格。然后做保护层或饰面层施工。在饰面层完工后，工程交付使用前应进行第二次蓄水试验，以确保卫生间防水工程质量。

3. 厕浴间防水工程质量要求

（1）厕浴间经蓄水试验不得有渗漏现象。

（2）涂膜防水材料进场复检后，应符合有关技术标准。

（3）涂膜防水层必须达到规定的厚度（施工时可用材料用量控制，检查时可用针刺法或取样法，同时应及时恢复防水层），防水层应做到表面平整，厚薄均匀。

（4）胎体增强材料与基层及防水层之间应粘结牢固，不得有空鼓、翘边、折皱及封口不严等现象。

（5）排水坡度应符合设计要求，不积水，排水系统畅通，地漏顶应为地面最低处。

（6）地漏管根等细部防水做法应符合设计要求，管道畅通，无杂物堵塞。

（三）厕浴间防水工程质量通病与防治

厕浴间防水工程质量通病主要有地面汇水倒坡、墙面返潮和地面渗漏、地漏周围渗漏、立管四周渗漏等，其原因分析和预防措施见表 5-2。

厕浴间防水工程质量通病与防治方法 表 5-2

项次	项目	原因分析	防治方法
A	地面汇水倒坡	地漏偏高，集水汇水性差，表面层不平有积水，坡度不顺或排水不通畅或倒流水	（1）地面坡度要求距排水点最远距离处控制在 2%，且不大于 30mm，坡向准确 （2）严格控制地漏标高，且应低于地面表面 5mm （3）厕浴间地面应比走廊及其他室内地面低 20～30mm （4）地漏处的汇水口应呈喇叭口形，集水汇水性好，确保排水通畅。严禁地面有倒坡和积水现象
B	墙面返潮和地面渗漏	1. 墙面防水层设计高度偏低，地面与墙面转角处成直角状 2. 地漏、墙角、管道、门口等处结合不严密，造成渗漏 3. 砌筑墙面的粘土砖含碱性和酸性物质	（1）墙面上设有水器具时，其防水高度一般为 1500mm；淋浴处墙面防水高度应大于 1800mm （2）墙体根部与地面的转角处，其找平层应做成钝角 （3）预留洞口、孔洞、埋设的预埋件位置必须准确、可靠。地漏、洞口、预埋件周边必须设有防渗漏的附加防水层措施 （4）防水层施工时，应保持基层干净、干燥，确保涂膜防水层与基层粘结牢固 （5）进场粘土砖应进行抽样检查，如发现有类似问题时，其墙面宜增加防潮措施

项次	项目	原因分析	防治方法
C	地漏周围渗漏	1. 承口杯与基体及排水管接口结合不严密，防水处理过于简陋，密封不严 2. 坐便器安装胀栓将防水层打穿	（1）安装地漏时，应严格控制标高，宁可稍低于地面，也决不可超高 （2）要以地漏为中心，向四周辐射找好坡度，坡向准确，确保地面排水迅速、通畅 （3）安装地漏时，先将承口杯牢固地粘结在承重结构上，再将浸涂好防水涂料的胎体增强材料铺贴于承口杯内，随后仔细地再涂刷一遍防水涂料，然后再插口压紧，最后在其四周，再满涂防水涂料1～2遍，待涂膜，干燥后，把漏勺放入承轴口内 （4）管口连接固定前，应先进行测量，复核地漏标高及位置正确后，方可对口连接、密封固定 （5）安装坐便器时，应控制好胀栓的深度
D	立管四周渗漏	1. 穿楼板的立管和套管未设止水环 2. 立管或套管的周边采用普通水泥砂浆堵孔，套管和立管之间的环隙未填塞防水密封材料 3. 套管和地面相平，导致立管四周渗漏	（1）穿楼板的立管应按规定预埋套管，并在套管的埋深处设置止水环 （2）套管、立管的周边应用微膨胀细石混凝土堵塞严密；套管和立管的环隙应用密封材料堵塞严密 （3）套管高度应比设计地面高出80mm；套管周边应做同高度的细石混凝土防水护墩

注：凡热水管、暖气管等穿过楼板时需加套管。套管高出地面不少于20mm，加上楼板结构层、找坡层、找平层及面层的厚度，套管长度一般约110～120mm；套管内径要比立管外径大2～5mm。而止水环一般焊于套管的上端向下50mm处，在止水环周围应用密封材料封嵌密实。

六、建筑外墙防水施工

（一）建筑外墙墙体构造防水施工

建筑外墙墙体构造防水就是在装配式大板建筑和外板内浇建筑中，在墙板的外侧接缝处设置适当的线型构造，如挡水台、披水、滴水槽等，形成空腔，通过排水管将渗入墙体的雨水排出墙外，达到墙体防水的目的。

1. 建筑外墙墙体防水构造

（1）立缝。左右两块外墙板安装后形成的缝隙称为立缝，又叫垂直缝。立缝内有防水槽1～2道，如图6-1所示。防水槽内放置聚氯乙烯塑料条，在柱外侧放置油毡和聚苯乙烯泡沫塑料板(俗称聚苯板)，作用是防水、保温，同时也作为浇筑组合柱混凝土时的模板。聚氯乙烯塑料条与油毡和聚苯板之间形成空腔，有一道防水槽形成一道立腔，称为单

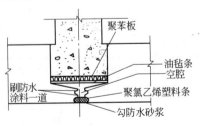

图 6-1 立缝防水构造

腔；有两道防水槽的则形成两道立腔，称为双腔。立腔腔壁要涂刷防水涂料，使进入腔内的雨水能顺畅的流下去，聚氯乙烯塑料条外侧要勾水泥砂浆。

（2）平缝。上、下外墙板之间所形成的缝隙称为平缝。外墙板的下部有挡水台和排水坡；上部有披水，在披水处放置油毡卷，外勾防水砂浆。油毡卷以内即形成水平空腔，如图 6-2 所示。进入墙内的雨水顺披水流下，由于挡水台的阻挡，顺排水坡和十字缝处的排水管排出。

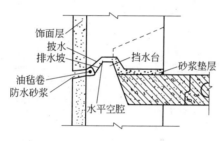

图 6-2　平缝防水构造

（3）十字缝。十字缝位于立缝、平缝相交处。在十字缝正中设置塑料排水管，使进入立缝和水平缝的雨水通过排水管排出，如图 6-3 所示。

从外墙板的防水构造可以看出，构造防水的质量取决于外墙板的防水构造的完整和外墙板的安装质量。外墙板的缝隙要大小均匀一致，挡水台、披水、滴水槽等必须完整无损，如有碰坏

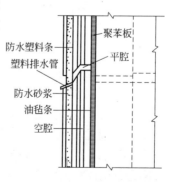

图 6-3　十字缝防水构造

应及时修理。安装外墙板时要防止披水高于挡水台，防止企口缝向里错位太大，将平腔挤严。平腔或立腔内不得有砂浆和杂物，以免影响空腔排水或因毛细管作用影响防水效果。

（4）阳台、雨篷的接缝构造。阳台、雨篷板平放在外墙板上，与墙板形成的接缝为平缝，无法采用构造防水，而只能采用材料防水。具体做法是：沿阳台、雨篷板的上平缝全长，下平缝两端向内 300mm，以及两侧立缝全用建筑密封材料嵌缝密封，如图 6-4 所示。

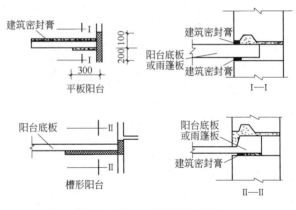

图 6-4 阳台、雨篷防水构造

2. 施工工艺顺序

现制首层通长挡水台→检查修补外墙板缺损的防水部位→起吊安装外墙板→边柱外侧插油毡和聚苯板条→边柱浇灌混凝土→键槽处施工→清除平、立缝杂物→平、立缝处理→修补披水、挡水台、安装塑料排水管→平、立缝砂浆勾缝→阳台、雨篷板的防水处理→女儿墙内立缝材料防水及压顶处理→嵌填穿墙孔→养护→淋水试验。

104

3. 操作要点

（1）现制首层通长挡水台：首层外墙板下端沿外墙做好混凝土现制通长挡水台，外侧做好排水坡。在地下室顶板圈梁中预埋钢筋，配纵向钢筋，支模板后浇筑细石混凝土，如图 6-5 所示。在安装外墙板之前，必须对这一部位认真进行养护和保护，防止施工中被碰坏。

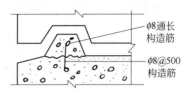

图 6-5　首层现制挡水台

（2）检查修补外墙板缺损的防水部位：安装外墙板前应全面检查空腔防水构造，尺寸、形状应符合设计要求，横、竖防水腔均应完整无损，立腔腔壁的防水涂料涂刷均匀、平整、无流淌和堵塞空腔沟槽及漏刷的现象。在空腔的外部及准备勾砂浆的水平缝和立缝部位不得涂刷。发现破损要及时修补。

（3）起吊安装外墙板：吊装就位前必须再次检查首层挡水台是否完整，安装时应轻吊轻放，尽量一次就位准确，必要时可撬动墙板内侧进行调整，不准在披水、挡水台上撬动墙板。

要重视首层外墙板的安装质量，使之成为以上各层的基准。外墙板安装应以墙边线为基准，搞好外墙板下口定位、对线，用靠尺板找平找正，做到外墙面顺平，墙身垂直，横竖缝隙均匀一致，不得出现因企口缝错位把平腔挤严的现象。外墙板标高正确，防止披水高于挡水台。板底的找平层灰浆密实。

（4）边柱外侧插油毡聚苯板条：纵向防水空腔的油毡和聚苯板条，每层必须通长成条，宽度适宜，嵌插到底，周边严密，不得分段接插，不得鼓出或崩裂，以防止浇筑墙体节点混凝土时堵塞空腔。

（5）边柱浇筑混凝土：在振捣边柱混凝土时，要注意不可将外侧的油毡聚苯板条挤破，防止混凝土外溢造成空腔堵塞。

（6）键槽处施工：上下墙板间的连接键槽，在浇筑混凝土前要在外侧用油毡堵严，防止混凝土挤入水平空腔内，如图 6-6 所示，然后浇筑混凝土。

（7）清除平、立缝杂物：混凝土浇灌前，应检查平、立腔是否畅通，如被漏浆或杂物等堵塞，应及时清理干净。

（8）平、立缝处理：平缝内要嵌入油毡卷或低密度聚乙烯棒材，与披水及排水坡挤紧。立缝的防水塑料条宜选用厚度为 1.5～2.0mm，硬度适当的软质聚氯乙烯材料，其宽度为立缝宽度加 25mm、长度为层高加 100～150mm，以便封闭空腔上口。在塑料条外用高等级砂浆抹出挡水台，如图 6-7 所示。下端剪成圆弧形缺口，以便留排水孔。在结构施工时，防水塑料条必须随层从上往下按设计要求插入纵向空腔槽中，严禁结构吊装完毕后做装饰时才由缝前塞入。

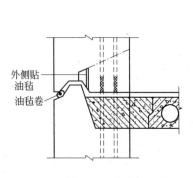

图 6-6 外墙板键槽防水示意

图 6-7 挡水台接缝处理

（9）修补披水、挡水台、安装塑料排水管：十字缝处的防水处理好坏，是构造防水成败的关键。相邻外墙板挡水台和披水之间的缝隙要用砂浆填实，然后将下层塑料条搭放其上，交接应严密。在上下两塑料条之间放置排水管，外端伸出墙面 10～15mm，内高外低，以便将雨水排出墙外。塑料排水管必须保持畅通。

（10）平、立缝砂浆勾缝：在空腔外侧勾水泥砂浆前要将塑料条整理好，两侧与防水槽壁顶实。勾砂浆时用力要适中，防止将立缝的塑料条或平缝的油毡卷（或低密度聚乙烯棒）挤出错位而堵塞空腔，造成渗漏。勾缝宜用防水砂浆，勾缝应平实光滑，表面比墙面低落 1～2mm。

（11）阳台、雨罩板的防水处理：此处缝隙采用材料防水施工，一般使用建筑密封膏进行密封。建筑密封膏的嵌缝有两种做法：一种是在吊装阳台板之前，将外侧接缝处清理干净，刷上冷底子油，然后将建筑密封膏搓成卷放在接缝处外侧，安装后膏体被压在板下；另一种做法是在阳台底板吊装后进行嵌缝。阳台板上下缝及两端相邻的立缝上下延伸 200mm，均应嵌填建筑密封膏，外面再抹砂浆。两阳台底板连接处也必须嵌填建筑密封膏或贴防水卷材。十字缝处的排水孔不得堵塞，阳台的泛水要正确，排水管在使用期间要经常清理，以保持畅通。

（12）女儿墙内立缝材料防水及压顶处理：屋面女儿墙现浇组合柱混凝土与预制女儿墙板之间容易产生裂缝，雨水顺缝隙流入室内，造成渗漏。因此，组合柱混凝土应采用干硬性混凝土或微膨胀混凝土。在防水施工时，沿组合柱外侧及女儿墙板的立缝用建筑密封膏填实，外面用水泥砂浆封闭保护。女儿墙板下部平缝处理用外墙板相应部位。内立缝建筑密封膏应与屋面防水卷材搭接，顶部用 60mm 厚的细石混凝土压顶，向内泛水。

（13）嵌填穿墙孔：结构施工时留的孔洞在做外墙装修前要用防水砂浆填塞，在距表面 20mm 处嵌填建筑密封膏，外面再用砂浆抹平。防水砂浆应为干硬性砂浆，并要填塞密实。

（14）养护：防水处理完成后，一般应养护 7～14 昼夜，方能进行淋水试验。

（15）淋水试验：用长为 1m，$\phi 25$ 的水管，表面钻 $\phi 1$ 的孔若干个，将其放在外墙最上部。接通水源后，沿每条立缝进行喷淋，使水通过立缝、水平缝、十字缝以及阳台、雨篷等部位。喷淋时间无风天为 2h，六级风时为 0.5h。

（二）建筑外墙墙体接缝密封防水施工

建筑外墙除了装配式大板和外板内浇形式以外，全现浇结构体系、GRC 外墙板、高强混凝土岩棉复合外墙板、金属墙板以及块体砌筑外墙，本身不具备防水构造，它们的防水可以借助接缝密封材料，使墙板或砌块之间连接成整体，实现墙体的气密、水密和防水保温作用。接缝密封防水又叫材料防水。

1. 接缝的特性与密封

接缝平面可以是平面形、柱面形、搭接形、榫接形的。这些缝主要是适应建筑材料或构件尺寸的需要而产生的，有时也是由于施工需要而设的施工缝，有时是为适应建筑结构需要而设的变形缝。这些缝需要封闭，否则就会使风尘雨雪通过，但又不能全部刚性固定密封，否则可能导致结构破坏。密封的主要作用就是封闭气体、液体通过接缝的通道，同时又必须保证接缝的自由位移，任何限制接缝位移或不能承受位移的结果，均会导致密封失败。

接缝密封的型式有两种：一种是现场成型密封，另一种是利用预制成型密封材料密封。所谓现场成型密封就是将不定型密封材料嵌填在接缝中，使结构或构件表面粘接并形成塑性或弹性密封体。这类接缝密封的密封材料有油灰、玛琋脂、热塑材料和聚合物为基础的弹性密封膏。对于位移量微小的接缝，也可以用刚性密封材料，如膨胀水泥、聚合物水泥砂浆等。预制成型密封材料密封是将预制成型的密封材料衬垫以强力嵌入接缝，依靠密封材料自身的弹性恢复和压紧力封闭接缝通道。这类密封材料包括密封条、密封垫（片或圈）、止水带等。

2. 不定型密封材料的选择

（1）对密封材料的要求

1）粘结性能。密封材料与墙体材料粘结牢固，这是使墙体形成连续的防水层，使建筑物有良好的水密性和气密性所必须的基本特征。

2）弹塑性。由温差的变化、干缩的原因和外力的作用，外墙体的接缝都会受到拉伸、压缩和剪切的作用，接缝密封材料必须具有良好的弹性和塑性，不至于因外力作用而破坏。

3）耐老化性。外墙接缝密封材料必须有良好的耐候性、耐腐蚀性和抗疲劳性，能在所处环境中长期使用。

4）施工性能好。建筑接缝密封防水对密封材料的性能要求是多方面的，除了上述的粘结性、弹塑性、耐老化性能要求外，还应具有贮存稳定性好、使用时调配简单、容易嵌入、不下垂、不流坠的性能。

（2）接缝宽度的确定。接缝密封深度与宽度之比称为接缝形状系数，其最佳理论值为 1/2。施工中应考虑密封材料在涂刷时形成和保持这种形状的能力。常用密封材料的接缝尺寸见表 6-1。

密封材料接缝尺寸　　　　　　　　　　　　　　　　表 6-1

密封材料种类	接缝尺寸(mm)	
	最大宽度×深度	最小宽度×深度
硅　酮　系	40×20	10×10(5×5)*
改性硅酮系	40×20	10×10(5×5)*
聚硫化物系	40×20	10×10(6×6)*
聚氨酯系	40×20	10×10
丙烯酸系	20×15	10×10
丁苯橡胶系	20×15	10×10
丁基橡胶系	20×15	10×10
油　性　系	20×15	10×10

注：*（）内的值是表示装配玻璃时的尺寸。

3. 施工工艺顺序

施工准备→接缝与基层处理→嵌填衬垫材料→粘贴防污条→涂基层处理剂→嵌填密封膏→表面修整→揭去防污条→养护。

4. 操作要点

（1）施工前的准备

1）材料准备：可根据设计要求准备密封材料。常用的有聚氨酯密封膏（双组分）、丙烯酸密封膏（单组分）、EVA 密封膏（单组分）及衬垫材料、打底料等。

2）工具准备：墙体接缝密封防水施工的工具见表 6-2。

名　　　称	用　　途
钢丝刷	清理基层用
小平铲（腻子刀）	清理基层或混合料配制用
小镏子	用于密封材料的表面修整
扫帚	清理基层用
皮老虎或空压机	清理基层用
油漆刷	涂刷打底料
挤压枪	嵌入密封膏
容器（铁或塑料桶）	盛溶剂及打底料用
嵌填工具	嵌填衬垫材料
电动搅拌器	搅拌双组分密封材料用

3) 脚手架的准备

(2) 接缝与基层处理：外墙板安装的缝隙应符合设计规定，如设计无规定时，一般不应超过 20mm 宽。缝隙过宽，容易使密封膏下垂，且用量太大；过窄则无法嵌填。缝隙过深，材料用量大；过浅则不易粘结密封。缝隙过大或过小均应进行修理，通过修理达到合理的形状系数。

密封膏施工的基层必须坚实、干燥、平整、无粉尘，如有油污应用丙酮等清洗剂清洗干净。

(3) 嵌填衬垫材料：衬垫材料应选用弹性好的聚乙烯、聚苯乙烯泡沫板，按略大于缝宽的尺寸裁好，也可以采用聚苯乙烯塑料圆棒或圆管，用嵌填工具或腻子刀塞严，沿板缝全部贯通，不得凹陷或突出。通过嵌填衬垫材料以确定合理的宽厚比，防止密封膏断裂。

(4) 粘贴防污条：防污条可采用自粘性胶带或用墙地砖粘结胶，粘贴牛皮纸条贴在板缝两侧，在密封膏修整后再揭除，以防止刷打底料及嵌填密封膏时污染墙面，并使密封膏接缝边沿整齐美观。

（5）涂基层处理剂：涂基层处理剂的目的在于提高密封膏与基层的粘结力，并可防止混凝土或砂浆中碱性成分的渗出。

基层处理剂一般采用密封膏和稀释剂调兑而成。依据密封膏的不同，基层处理剂的配制也不同。丙烯酸类可用清水将膏体稀释；氯磺化聚乙烯用二甲苯将膏体稀释；丁基橡胶类用120号汽油将膏体稀释；聚氨酯类用二甲苯稀释。将稀释好的基层处理剂用油漆刷沿接缝部位涂刷一遍。要均匀、盖底、不漏刷、不流坠、不得污染墙面。

（6）嵌填密封膏：密封膏施工有挤入法和压入法两种。

当采用双组分密封膏时，必须按配合比称料混合，经搅拌均匀后装入塑料小桶内，随用随配，防止浪费。

采用挤入法施工时，将密封膏桶内的密封膏放入挤压枪内，根据板缝的宽度将枪嘴剪成斜口，施工时斜面口接近嵌填部位底部，并要有一定的倾斜角度，扳动扳机，膏体徐徐注入板缝内，使膏体从底部充满整个板缝。

当接缝尺寸大或底部为圆形截面时，宜采取两次充填。注意先嵌填的密封材料固化后，再进行二次嵌填。

压入法是将防水密封材料事先轧成片状，然后用腻子刀或小木条等将其压入板缝中。这种方法可以节约筒装密封材料的包装费及挤压枪损耗费，降低成本，提高工效。

（7）表面修整：一条板缝嵌好后，立即用特制的小镏子将密封膏表面压成半圆形，并仔细检查所嵌的部位，将其全部压实、镏平。

（8）揭掉防污条：密封膏修整完毕后，要及时揭掉防污条。如墙面粘上密封膏，可用与膏体配套的溶剂将其清理干净，所用工具也应及时清洗干净。

（9）养护：密封膏施工完后，应经过 7～14 天自然养护，在此期间要防止触碰及污染。

（10）淋水试验合格。

（三）建筑外墙复合防水施工

1. 建筑外墙复合防水施工的定义

建筑外墙在构造防水基础上，将板缝外表面或外墙外表面再涂刷 1～2 遍防水涂料或防水剂，使其既具有防水层的防水作用，又具有结构防水作用的建筑外墙防水施工。

2. 操作工艺顺序

清理基层→刷第一遍防水涂料→刷第二遍防水涂料→养护→淋水试验。

3. 操作要点

（1）清理基层：将基层用钢丝刷刷干净，再用毛刷（油漆刷）除去浮土。基层要求平整、干燥、无松动、无浮土、无污物。不符合要求的应修整，有裂缝的基层应先处理裂缝，根据缝宽分别用防水涂料或密封材料填缝。

（2）刷第一遍防水涂料：在清理干净的基层上，刷第一遍防水涂料，要求涂刷均匀、不漏刷、不流淌。厚度根据材料要求决定。宽度要求在缝两侧加宽各 10mm。

（3）刷第二遍防水涂料：第一遍防水涂料实干后，再涂刷第二遍防水涂料。

（4）养护：一般养护 2～3 昼夜。

（5）淋水试验合格。

主要参考文献

［1］ 建设部人事教育司组织编写教材. 防水工. 北京：中国建筑工业出版社，2005.